Die flüssigen Brennstoffe

ihre Gewinnung, Eigenschaften
und Untersuchung

von

Dr. L. Schmitz

Chemiker

Zweite erweiterte Auflage

Mit 56 Textabbildungen

Springer-Verlag
Berlin Heidelberg GmbH

1919

ISBN 978-3-662-36105-4   ISBN 978-3-662-36935-7 (eBook)
DOI 10.1007/978-3-662-36935-7

Vorwort.

Der leitende Gedanke bei der Abfassung dieser Schrift war,
dem Ingenieur, welcher sich mit der Verwendung flüssiger Brennstoffe als Heiz- und Treibmittel beschäftigt, eine zusammenfassende
Darstellung aller als flüssige Brennstoffe zur Verwertung gelangen-
der Produkte zu geben mit besonderer Berücksichtigung der für
Deutschland in Frage kommenden.

Außer auf die chemischen und physikalischen Eigenschaften der
betreffenden Produkte, soweit sie für deren Verwertung als Brennstoffe wichtig sind, wurde auch auf ihre Herkunft, Gewinnung
und Produktion in großen Zügen eingegangen, um dem Leser ein
möglichst klares Gesamtbild der flüssigen Brennstoffe vor Augen
zu führen.

In einem Anhange sind die einschlägigen zolltechnischen und
polizeilichen Bestimmungen sowie die von der Regierung der
Vereinigten Staaten aufgestellten Bedingungen für Lieferung und
Probenahme von Heizöl wiedergegeben.

Die bewährte Einteilung des Stoffes der ersten Auflage wurde
beibehalten, unter Berücksichtigung der inzwischen gemachten
technischen Fortschritte.

Merseburg, im Januar 1919.   L. Schmitz.

Inhaltsverzeichnis.

Erstes Kapitel.

Das Erdöl und seine Verarbeitungsprodukte.

I. Das Erdöl.

Zweites Kapitel.

Die Steinkohlenteere und ihre Verarbeitungsprodukte.

I. Die Teere der Leuchtgasfabrikation.

II. Koksofenteer.

Inhaltsverzeichnis. V

Drittes Kapitel.

Der Braunkohlenteer und seine Verarbeitungsprodukte.

I. Der Braunkohlenteer.

II. Die Verarbeitungsprodukte des Braunkohlenteers.

Viertes Kapitel.

Spiritus.

Fünftes Kapitel.

Pflanzliche und tierische Fette.

Tabellarische Übersicht über Ausdehnungskoeffizienten, Spez. Wärme und Verdampfungswärme

Sechstes Kapitel.

Die Untersuchungsmethoden der flüssigen Brennstoffe.

Anhang.

Erstes Kapitel.

Das Erdöl und seine Verarbeitungs-produkte.

I. Das Erdöl.

1. Allgemeiner Teil.

Zusammensetzung. Als Erdöl, Rohöl, Rohpetroleum oder Naphtha bezeichnet man allgemein das aus einem Gemisch von Kohlenwasserstoffen bestehende, in der Erde natürlich vorkommende flüssige Bitumen. Je nach der Herkunft des Erdöls sind gewisse Kohlenwasserstoffreihen in dem Gemisch vorherrschend, und zwar die Methanreihe von der allgemeinen Formel C_nH_{2n+2} und die Naphthenreihe von der Formel C_nH_{2n}.

In untergeordneter Menge finden sich noch vor Olefine, Benzole, Sauerstoffverbindungen (Naphthensäuren), Stickstoff- und Schwefelverbindungen. Vorwiegend aus Gliedern der Methanreihe bestehen das amerikanische, insbesondere das pennsylvanische Erdöl, während im russischen Erdöl die Glieder der Naphthenreihe vorherrschen. Die rumänischen und galizischen Öle stehen chemisch vielfach in der Mitte zwischen beiden. Für die Verwertung der Erdöle als Brennstoffe für Motoren und Feuerungen haben sich in bezug auf die Verschiedenheit ihres chemischen Aufbaues keine Unterschiede gezeigt. Wohl aber ist der Schwefelgehalt sowie die Beimengungen von Schlamm und Wasser für die Verwendung der Erdöle als flüssige Brennstoffe von Bedeutung. Alle Erdöle enthalten Schwefel, die meisten nur in geringer Menge.

Nach Höfer beträgt der Schwefelgehalt beim russischen Rohöl ca. 0,1%, beim rumänischen ca. 0,3%, beim Pechelbronner 0,138, beim Wietzer Rohöl ca. 0,085. Den höchsten Schwefelgehalt weisen die Texas- und kalifornischen Öle mit 2 bis 3% Schwefel auf.

Schlamm, Sand und Wasser kommen je nach dem Gewinnungsverfahren in sehr wechselnder Menge im Rohöl vor. Bereits am Gewinnungsorte sucht man diese unerwünschten Bestandteile durch Absitzenlassen zu beseitigen. In vielen Fällen wird es jedoch nötig sein, da Schlamm und Wasser oft mit den Ölen eine schwer trennbare Emulsion eingehen, am Verbrauchsort die Abscheidung derselben durch Erwärmen und Filtrieren zu vollenden.

Vorkommen und Entstehung. Gefunden wird Erdöl in fast allen Ländern. Die wichtigsten Vorkommen sind, nach der Größe der Produktion geordnet, die Vereinigten Staaten, Rußland, Mexiko, Niederländisch - Indien, Rumänien, Indien, Galizien, Japan, Peru und Deutschland.

In geologischer Beziehung ist das Vorkommen von Erdöl an keine bestimmte Formation gebunden. Die meisten Fundorte liegen in den Ausläufern größerer Gebirgsketten.

Über die Entstehung der Erdöle gingen vor nicht allzu langer Zeit noch die Ansichten der Forscher weit auseinander. Man unterschied in der Hauptsache zwei Theorien: Die eine, von Mendelejeff aufgestellte, leitet den Ursprung des Erdöls von der Zersetzung der im Erdinnern befindlichen Metallkarbide durch Wasser her, analog der Bildung von Azetylen aus Kalziumkarbid und Wasser. Man nennt sie die anorganische Theorie. Die zweite, von Engler und Höfer aufgestellte Theorie, sucht die Erdölbildung durch eigenartige Zersetzung ungeheurer Mengen tierischer Stoffe zu erklären. Man nennt sie die organische Theorie. Diese letztere Erklärungsweise ist durch geologische Beobachtungen und chemische Experimente am besten gestützt und erfreut sich heute einer derartigen Anerkennung, daß sie als die richtige angenommen werden kann.

Von tierischen Stoffen kommt hauptsächlich die marine Fauna in Frage. Man muß sich vorstellen, daß Meeresbuchten mit reichem Wassertierbestand durch geologische Hebungen und Senkungen vom übrigen Meere abgeschnitten wurden, so daß die eingeschlossenen Tiere bei der nun eintretenden Konzentration des Wassers zugrunde gingen. Wurde dann ein solches Massengrab von Sand oder tonigem Schlamm überschüttet und dadurch von der Luft abgeschlossen, so konnte eine eigenartige Zersetzung der tierischen Substanzen eintreten, bei der die stickstoffhaltigen Bestandteile zerstört, das Fett aber unter höherem Druck in das Kohlenwasserstoffgemisch umgewandelt wurde, das wir heute als Erdöl bezeichnen. Zur Illustration der Möglichkeit eines solchen Massensterbens möge die von Ochsenius berichtete Tatsache dienen, daß sich im Jahre 1897 an den Ufern des Ob und Irtisch ein 2500 km langer Leichensaum von toten Fischen, die bis zu 5 m hoch lagen, hinzog.

Die Geschichte des Erdöls geht bis zu den ältesten Zeiten zurück. Man kannte und schätzte besonders den durch Verdunsten der flüchtigen Teile des Erdöls sich bildenden Asphalt und benutzte ihn zum Kalfatern von Schiffen, Einbalsamieren von Leichen, als wasserdichten Mörtel und auch als Heilmittel. Das flüssige Erdöl diente als Brennmaterial in Lampen an Stelle der pflanzlichen Öle, auch war es zur Anfertigung von Brandgeschossen geschätzt und fand in der Kriegstechnik des Altertums vielfach Verwendung (griechisches Feuer).

Die Fundorte der in der ältesten Literatur beschriebenen Erdölvorkommen liegen sämtlich in den an das Mittelländische Meer anstoßenden Ländern.

Eigentliche Bedeutung für die Technik aber erlangte das Erdöl erst durch die Entdeckung des Kolonel Drake, der am 27. August des Jahres 1859 zu Titusville in Pennsylvanien die erste große Bohrung auf Erdöl mit einer täglichen Produktion von 400 Gallonen (ca. 1500 l) niederbrachte. Der Erfolg Drakes wurde bald bekannt, und eine Menge von Leuten, die rasch reich zu werden hofften, strömten in die Gebiete längs des Oil creek ein. Es wurden außerordentlich ergiebige Quellen angefahren, darunter der Brunnen von Phillipps, welcher 3000 Faß Öl (1 Faß = 159 l) täglich auswarf. Da das pennsylvanische Öl sich besonders gut für die Verarbeitung auf Leuchtöl eignete und vorteilhafte Arbeitsweisen für die Destillation und Reinigung bald gefunden waren, fand das daraus hergestellte Leuchtöl beim Publikum leichten Absatz zu guten Preisen.

Ende der sechziger Jahre gründete John D. Rockfeller eine kleine, auf eine neue Raffinierungsmethode basierte Ölraffinerie in Cleveland. Der Einfluß dieses Mannes im Guten wie im Bösen auf die Petroleumindustrie ist bekannt. Jedenfalls muß man heute zugeben, daß ohne sein manchmal gewiß rücksichtsloses Vorgehen die großartige Entwicklung dieser Industrie nicht stattgefunden hätte. Mit weit ausschauendem Blick erkannte er, daß der Zusammenschluß der Produzenten und Raffineure für die Entwicklung der Industrie von größter Bedeutung sei, und bereits Mitte der sechziger Jahre hatte er elf Zwölftel der amerikanischen Raffinerien zur Standard Oil Company vereinigt. 1870 hatte die Gesellschaft ein Kapital von 1 Million Dollars, 1881 war es bereits auf 70 Millionen Dollars (294 Mill. Mark) angewachsen.

Produktion. Mit der Produktion von Erdöl steht Amerika heute an der Spitze aller Erdöl erzeugenden Länder. Zwar sind die alten pennsylvanischen Felder, die mit der Menge und Güte ihres Erdöls die Vorherrschaft Amerikas begründet haben, in ihrer Ergiebigkeit stark zurückgegangen. Dafür ist aber in den anderen Bundesstaaten mehr wie ausreichender Ersatz gefunden

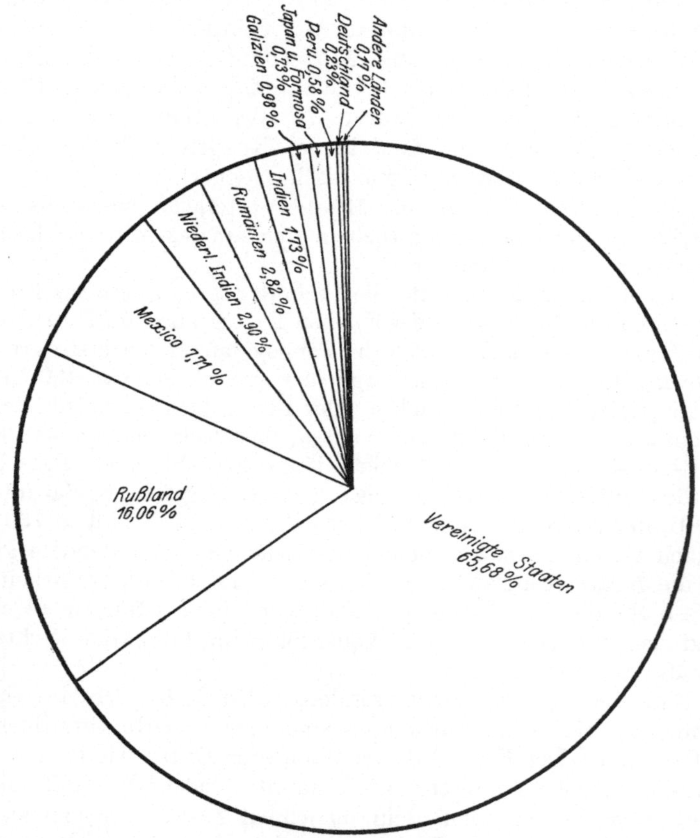

Abb. 1. Verteilung der Erdölproduktion auf die verschiedenen Länder im Jahre 1915.

worden. Die größte Produktion hat zur Zeit Kalifornien. Auf die übrigen Länder fallen verhältnismäßig geringe Bruchteile, deren Verteilung aus Abb. 1 ersichtlich ist.

Seit der Entdeckung des pennsylvanischen Feldes im Jahre 1859 ist die Gesamtweltproduktion rapide gestiegen, wie die nachstehende Schaulinie Abb. 2 zum Ausdruck bringt. Sie betrug im Jahre 1915 über 57 Millionen Tonnen. Dem Steigen der Produktion entspricht ein Fallen der Preise. In Amerika sank der Preis stetig von 1 Dollar pro Faß (ca. 159 l) im Jahre 1900 auf 61 Cents pro Faß im Jahre 1910.

Das deutsche Erdölvorkommen ist im Vergleich zur Weltproduktion sehr gering. Nach einer Zusammenstellung des Kaiserlich statistischen Amts wurden in Deutschland an Erdöl gewonnen:

1910 145 168 t,
1911 142 992 t;

seither hat sich die Produktion nicht wesentlich geändert. Die Erdölgewinnungsstätten Deutschlands verteilen sich in der Hauptsache auf Hannover (Wietze) und Elsaß (Pechelbronn). Das deutsche Erdöl ist nicht reich an Benzin und Petroleum, gibt jedoch ein Schmieröl mittlerer Güte, das besonders für Eisenbahnzwecke glatten Absatz findet.

Die Gewinnung des Erdöls geschah ursprünglich durch von Hand gegrabene Brunnen, mit denen naturgemäß größere

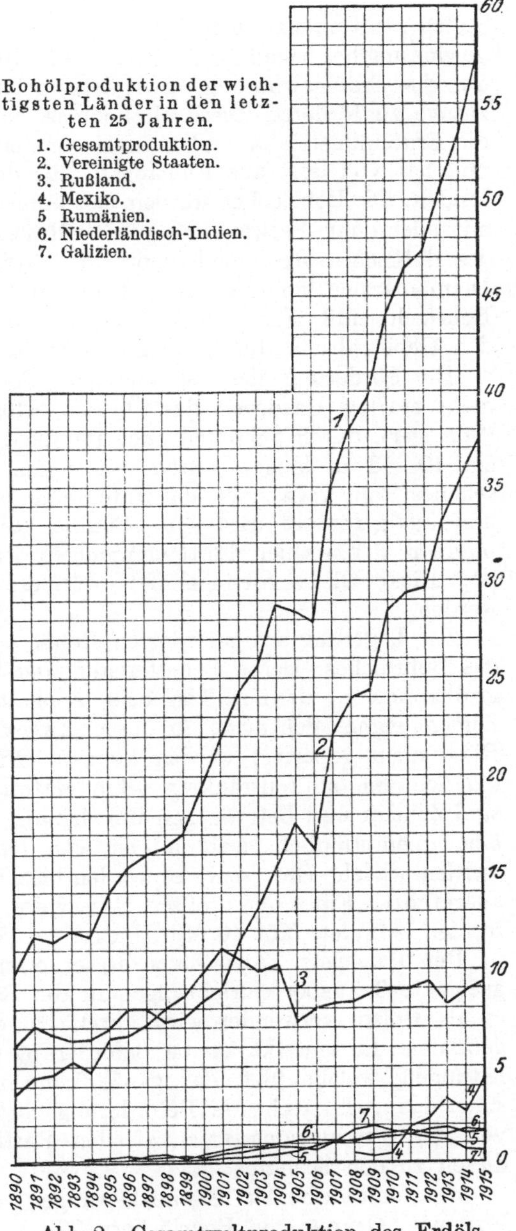

Abb. 2. Gesamtweltproduktion des Erdöls in Millionen Tonnen.

Tiefen nicht zu erreichen waren. Erst als man die von der Wassergewinnung her bekannte Methode des Bohrens artesischer Brunnen auf die Erdölgewinnung anwendete, gelang es, größere Mengen zutage zu fördern. Diese Methode ist in ihrer Anwendung auf die Erdölindustrie besonders in Nordamerika ausgebildet worden und hat von dort aus Eingang in alle ölerzeugende Länder gefunden. Die Bohrlöcher werden fast immer durch Meißelbohrung, mit oder ohne Verwendung von Spülwasser zum Herausbringen des Bohrschmantes, niedergebracht. Rotierende Bohrungen mit Diamantkrone kommen nur äußerst selten zur Anwendung. Das Bohrloch muß zum Schutze gegen Wassereinbruch und gegen den Gebirgsdruck durch starke Eisenrohre verrohrt werden.

Die Förderung des Öls aus dem Bohrloch geschieht, wenn nicht starker Gasdruck das Öl von selbst in die Höhe treibt (Springer), durch Schöpfen oder Pumpen. Als Schöpflöffel wird ein 10—12 m langes, unten mit einem einfachen Ventil versehenes Rohr verwendet, das durch eine besondere Maschine ein und aus gefördert wird. Als Pumpen dienen Saug- und Hubpumpen, deren Querschnitt demjenigen des Bohrloches angepaßt ist. Dicke Öle werden gelöffelt, dünnere Öle können gepumpt werden.

Zur Lagerung des geförderten Rohöls stellt man in der Nähe des Bohrloches eiserne Behälter auf oder bringt das Öl in Erdgruben unter, die mit Ton oder Asphalt abgedichtet werden. Zement eignet sich nicht für diesen Zweck, da etwa entstehende Risse nicht repariert werden können. Frischer Zement haftet nämlich am öldurchtränkten alten Material nicht. Im übrigen sind Zement und Beton gegen Einwirkung von Teer und Mineralölen unempfindlich, während sie von fetten Ölen angegriffen werden. Solche Erdreservoire werden bis zu erstaunlichen Größen ausgeführt. Eines der größten Reservoire, welches sich in Kalifornien befindet, faßt 10 Mill. Barrel = 1590 Mill. Liter.

Der Transport. Aus diesen Reservoiren wird das Öl durch geeignete Transporteinrichtungen in die Raffinerien oder, wenn es als Heizöl verwendet wird, direkt zu den Verbrauchsstellen gebracht. In Amerika ist die Beförderung des Öls mittels Rohrleitungen, welche über das ganze Land netzartig ausgebreitet sind, das vorherrschende Beförderungsmittel, und zwar sowohl von den Produktionsstätten zu den Raffinerien als auch von diesen zu den Seehäfen.

Man unterscheidet Sammelleitungen und Hauptleitungen. Von einer Gruppe von Bohrlöchern führen die Sammelleitungen, welche aus schmiedeeisernen Röhren von ca. 2″ Durchmesser bestehen, zu Zentralstationen. Diese verfügen über genügend große Reservoire, um das ihnen zugepumpte Öl vorläufig lagern zu können. Von diesen Zentralstationen wird das Öl durch sog. Hauptleitungen den Raffinerien durch kräftige Dampfpumpen zugedrückt. Der Durchmesser dieser Hauptrohrleitungen beträgt 4—12″. Der von den Pumpen zu überwindende Druck ist je nach der Länge der Rohrleitung, der Schwerflüssigkeit des Öls und der Steigung der Leitung verschieden. Er kann bis zu 210 Atmosphären steigen.

An den Hauptleitungen sind in Abständen von 30—70 englischen Meilen (1 engl. Meile = 1.609 km) einzelne Pumpstationen angelegt, welche je ein Reservoir für das ankommende und für das abgehende Öl haben.

Der Transport des Öls durch diese Leitungen (Pipe lines genannt) stellt sich in Amerika viermal so billig als der Transport in Eisenbahn-Zisternenwagen.

Die letzteren, welche in den übrigen Erdöl produzierenden Ländern am meisten in Gebrauch sind, bestehen aus einem Fahrgestell, auf welchem ein zylindrischer, genieteter Kessel befestigt ist. Der Kessel ist mit einem Expansionsdom und einer Abflußleitung versehen. Sein Inhalt beträgt in der Regel 10 bis 15 000 kg. Neuerdings werden auch, besonders in Amerika, Kesselwagen bis zu 50 000 l Inhalt mit vier Achsen gebaut. Die Füllung der Wagen geschieht durch sog. Füllständer, welche oberhalb der Gleise parallel zu diesen angeordnet sind. Auf den größeren Füllstationen sind Vorkehrungen getroffen, daß ein ganzer Zug von Kesselwagen gleichzeitig beladen werden kann.

Ist der Transport im Kesselwagen nicht angängig, so muß das Öl in Fässern oder in Kanistern verschickt werden.

Für Schmieröl ist noch jetzt der Transport in Fässern der gebräuchlichste. Die Fässer wurden früher für den Petroleumversand aus Eichenholz hergestellt und hatten einen Inhalt von 50 Gallonen = 180 l. In neuerer Zeit finden jedoch die Eisenfässer aus geschweißtem Stahlblech häufiger Verwendung. Diese haben für den Petroleumtransport ca. 200 l und für den Transport von Benzin ca. 200 oder 400 l Inhalt. Die Benzinfässer sind innen verzinkt, um zu verhindern, daß das Benzin Rostfärbung annimmt.

Kanister werden aus Weißblech hergestellt. 1 Kanister hat einen Inhalt von 5 Gall. = 19 l. Je zwei gefüllte Kanister werden in eine Holzkiste verpackt. Diese Art des Transports ist besonders für den Handel im Orient beliebt, wo der Landtransport auf Wagen oder auf Lasttieren stattfinden muß.

Zum Überseetransport dienen heutzutage fast ausschließlich Tankschiffe, welche mit allen Einrichtungen zum Be- und Entladen versehen sind. Neuerdings werden diese Schiffe durch Ölmotoren angetrieben. So, als einer der ersten, der holländische Dampfer „Vulkanus", welcher eine Ladefähigkeit von 1000 t Öl hat und durch Dieselmotoren von 500-PS.-Leistung angetrieben wird. Die Tankschiffe sind in der Regel so eingerichtet, daß sie als Rückfracht auch feste Güter befördern können.

2. Spezieller Teil.

Verhalten bei der Destillation. Die Verwendungsfähigkeit der Rohöle als flüssige Brennstoffe wird bedingt durch ihr Verhalten bei der fraktionierten Destillation. Der Gehalt des Rohöls an leicht oder schwer siedenden Bestandteilen gibt darüber Auskunft, ob es für einen bestimmten Zweck brauchbar ist (Ausführung der Destillationsprobe siehe „Untersuchungsmethoden"). Nach dem Ergebnis der Destillationsprobe richten sich auch die technischen Anordnungen, die bei Verwendung zu treffen sind. So darf z. B. ein stark benzinhaltiges Öl vor dem Zerstäuben in der Ölfeuerung nicht vorgewärmt werden, weil sonst Dampfbildung in der Rohrleitung auftritt, die ein unruhiges Brennen zur Folge hat; während andererseits ein dickes, stark asphalt- oder paraffinhaltiges Rohöl ohne genügende Vorwärmung sich nicht hinreichend zerstäuben läßt.

Dasselbe gilt vom Verbrennen im Diesel- oder Glühkopfmotor — Explosionsmotoren kommen für Rohöl nicht in Betracht. Stark benzinhaltige Öle werden zum Stoßen in der Maschine neigen, Öle mit hohem Prozentsatz an hochsiedenden Bestandteilen werden bei Zuleitung und Zerstäubung Schwierigkeiten bereiten und auch zur Bildung von Rückständen im Zylinder Veranlassung geben.

Die nebenstehende Tabelle 1 gibt über das Verhalten der Rohöle bei der Destillation Auskunft. Angaben über spezifisches Gewicht und Flammpunkt, die mit dem Destillationsverlauf in engem Zusammenhang stehen, dienen zur Vervollständigung.

Verwendung als Heiz- und Treiböl. Besonders berücksichtigt sind in vorstehender Tabelle die deutschen Rohöle. Ausländische Rohöle kamen vor dem Kriege als flüssige Brennstoffe für Deutschland wegen der hohen Zollbelastung von 7,50 M. pro 100 kg netto nicht in Betracht. Wegen ihres verhältnismäßig hohen Preises fanden auch die deutschen Rohöle nur als Treiböle für Motoren Verwendung.

Tabelle 1.

Bezeichnung	Spez. Gew. bei 15° C	Flammpunkt °C	Siedeanalyse in Prozenten				Bemerkungen
			bis 130° %	130—270° %	270 b. 300° %	Rückstand %	
Kalifornisches Rohöl	0.962	82	Anf. 150° bis 300°		32	68	Zähflüssigkeit bei 80°=4.3° Engler
Kaliforn. Rohöl Coalingadistrikt	0.958	111	Anf. 225° bis 300°		31	69	do. bei 80° = 3.1° Engl.
Argentinisches Rohöl	0.940	124	Anf. 250° bis 300°		24	76	do. bei 80° =13.6° Engl.
Argentin. Rohöl	0.903	45	4	22.5	4	69.5	
Peruanisches Rohöl	0.865	unt. 15	21	29	9	41	
Schweres Wietzer Rohöl	0.942	105	Anf. 129°	11.9	8.8	79	do. bei 50° = 15° Engl. do. bei 80° = 4.7° Engl.
Dasselbe	0.925	92	Anf. 104°	15.2	9.2	75.2	
Dasselbe	0.951	109	Anf. 130°	9	10.4	80.6	
Leichtes Wietzer Rohöl	0.891	53	0.65	20.1	7.4	71.5	
Elsässer Rohöl Oberstritten	0.880	unt.15	5	22.2	7.1	65.3	
Pennsylvanisches Rohöl	0.805	unt. 15	12.7	49.4	12.4	24.8	
Russische Rohnaphtha	0.880	31	2	27	15	56	
Russische Rohnaphtha	0.873	38	Anf. 140°	40	13	47	
Russ. Rohnapht. Berekie	0.804	28.5	4.5	bis 300°	35	60	
Galizisches Rohöl Boryslaw	0.862	unt. 15	6.8	26	7.2	60	
Galizisches Rohöl Schodnica	0.858	unt. 15	20	44.5	10.5	25	
Mexikanisches Rohöl	0.934	24	7	38	31	24	do. bei 15° = 11° Engl.
Texas-Rohöl	0.944	120	Anf. 210°	16.8	12.5	70.7	do. bei 20° =33.9°Engl.
Borneo-Rohöl	0.862	unt. 15	11.2	59	5	24.5	
Rumän. Rohöl Bustenari	0.854	unt.15	20	35	7	38	
Rumän. Rohöl Campina	0.840	unt. 15	10	bis 300°	40	50	0.13 % S
Sumatra-Rohöl	0.792	unt. 0	34	50.5	4	11.5	

Bei dieser Verwendung muß berücksichtigt werden, daß die deutschen Erdöle und besonders die schweren Wietzer oft stark schlamm- und wasserhaltig sind. Man beseitigt diese unerwünschten Beimischungen durch Erwärmung und Filtration durch Filz oder dergleichen. Besonders der feine Schlamm macht sich unangenehm bemerkbar, weil er sich zwischen Kolben und Zylinder festsetzt und dort eine schmirgelnde Wirkung ausübt, wodurch Undichtigkeiten entstehen.

Im übrigen richtet sich die Verwendung von Rohölen für Feuerungs- oder motorische Zwecke nach dem Werte, welchen das Öl für die weitere Verarbeitung hat. Ein Rohöl, welches reich an Benzin und Leuchtöl oder an gutem Schmieröl ist, wird man nicht verfeuern, sondern die in ihm steckenden Werte durch den Veredelungs-, bzw. Raffinationsprozeß herausholen und nur die minderwertigen Rückstände, die ja fast denselben Heizwert haben wie das Rohöl selbst, als Brennstoff verwerten. Andererseits wird man Öle mit geringem Gehalt an hochwertigen Destillationsprodukten oder solche, deren Verarbeitung wegen ihrer chemischen Zusammensetzung große Schwierigkeiten bereitet, mit Vorteil als Heizöle verwenden.

In diese letztere Klasse von Rohölen ist besonders das kalifornische und Texas-Rohöl einzureihen.

Vor allem das kalifornische Rohöl, dessen Menge ca. 35% der Produktion der Vereinigten Staaten ausmacht, wird in ganz ausgedehntem Maße als Heizöl verwendet.

Über das Anwachsen des Verbrauchs an Heizöl in Amerika gibt die nachfolgende, von Dr. David Day[1]) aufgestellte Tabelle einen Überblick:

1907	32 653 110	Faß (1 Faß = 159 l)
1908	40 370 261	,,
1909	50 719 987	,,
1910	61 073 798	,,

Von großem Interesse sind daher auch die Lieferungsbedingungen für Heizöle, welche Irving C. Allen (Departement des Innern) im Auftrage der Regierung der Vereinigten Staaten ausgearbeitet hat. Diese Bedingungen legt die amerikanische Regierung allen Heizölbezügen zugrunde. Sie gelten natürlich nicht nur für Rohöle, sondern auch für alle anderen Erdölprodukte, soweit sie für Feuerungszwecke Verwendung finden.

Die Hauptpunkte der amerikanischen Bedingungen sind folgende:

---

[1]) Zeitschr. „Petroleum" Nr. 9 v. 7. Febr. 1912, S. 461.

1. Zusammensetzung.

Das Heizöl soll entweder ein natürliches homogenes Öl oder dessen homogener Rückstand sein. Es darf nicht durch Zusammenmischen eines leichten Öls mit einem schweren Rückstand derart hergestellt sein, daß hierdurch eine bestimmte gewünschte Dichte erreicht wird.

2. Flammpunkt.

Der Flammpunkt soll im geschlossenen Abel-Pensky- oder Pensky-Martens-Apparat nicht unterhalb 60°C liegen.

3. Das spez. Gewicht soll zwischen 0,85 und 0,96 bei 15° C liegen.

4. Die Zähflüssigkeit muß so gering sein, daß das Öl auch bei einer Temperatur von 0° C nicht zu schwer flüssig wird. Es soll bei gewöhnlicher Lufttemperatur durch eine vierzöllige, 10 Fuß lange Leitung unter einem Druck von 1 Fuß noch durchfließen.

5. Der Heizwert soll nicht unter 10 000 WE pro Kilogramm betragen.

6. Der Wassergehalt soll 2% nicht übersteigen.

7. Der Schwefelgehalt soll 1% nicht übersteigen.

8. Schmutz, Sand oder Ton dürfen nur spurenweise enthalten sein.

Diese Bedingungen dürften auch für die deutschen Verhältnisse zweckentsprechend sein. Ein vollständiger Abdruck derselben findet sich im Anhang.

Chemische und physikalische Konstanten. Ihrem elementaren Aufbau nach bestehen die Rohöle aus Kohlenstoff, Wasserstoff, Sauerstoff, Stickstoff und Schwefel. Das Verhältnis zwischen Kohlenstoff, Wasserstoff und Sauerstoff-Stickstoff schwankt nur innerhalb geringer Grenzen, wie aus nachfolgender Tabelle 2 hervorgeht.

Im Mittel besteht Erdöl und seine Destillationsprodukte aus 80—87% Kohlenstoff und 10—14% Wasserstoff.

Schwefel ist in den meisten Rohölen nur in ganz geringer Menge vorhanden, die für die Verwendung derselben als flüssige Brennstoffe gänzlich belanglos ist. Der Schwefelgehalt schwankt zwischen $^1/_{100}$ und $^1/_2$%. Eine Ausnahme davon machen die Ohio-, Texas- und kalifornischen Öle, bei denen der Schwefelgehalt bis zu 3% steigen kann. Aber selbst bei so hohen Schwefelgehalten kann nach den bisherigen Erfahrungen von einer merklichen Schädigung der Kesselbleche oder des Innern der Motoren keine Rede sein. (Siehe auch Gräfe „Ölmotor" 1912 Heft 2.)

Tabelle 2.

Bezeichnung	Kohlenstoff C %·	Wasserstoff H %	Sauerstoff, Schwefel, Stickstoff $O + N + S$ %	Bemerkungen
Deutsches Rohöl (Ödesse)	80.4	12.7	6.9	
Deutsches Rohöl (Wietze)	86.0	11.0	2.0	
Deutsches Rohöl (Pechelbronn).	85.6	9.6	4.4	
Dasselbe	88.3	11.1	0.6	
Deutsches Rohöl (Tegernsee)	86.95	11.09	1.96	
Pennsylvanisches Rohöl .	83.6	12.9	3.0	
Westgalizisches Rohöl . .	85.3	12.6	2.1	
Ostgalizisches Rohöl . .	82.2	12.1	5.7	
Rumänisches Rohöl . . .	83.10	12.31	4.59	
Rumänisches Rohöl (Campeni)	85.29	14.21	0.5	
Russisches Rohöl	86.0	13.0	1.0	
Kalifornisches Rohöl . .	86.9	11.8	1.3	
Mexikanisches Rohöl . .	82.70	11.47	(O + N) 3.56	S 2.27%
Ohio-Rohöl.	84.2	13.1	2.7	S 2.16%
Burmah-Rohöl	83.8	12.7	3.5	
Texas-Rohöl	84.17	13.69	(O + N) 0.14	S 1.75%
Kalifornisches Rohöl (Coalinga)	86.37	11.30	(O + N) 1.73	S 0.60%

Dagegen können erhebliche Zerstörungen durch den Schwefelgehalt des Feuerungsmaterials hervorgerufen werden, sobald die Temperatur der Verbrennungsprodukte unter den Taupunkt sinkt. Es ist daher besonders bei Abwärmegewinnungsanlagen an Ölmotoren darauf zu achten, daß die Auspuffgase noch mit einer genügend hohen Temperatur abziehen, so daß die Bildung von schweflig-, bzw. schwefelsauren Kondensaten vermieden wird.

Der Schwefel ist im Öl in der Form schwefelhaltiger Kohlenwasserstoffe enthalten; bei den hoch schwefelhaltigen Ölen zum Teil auch als freier Schwefel in Lösung. Seine Entfernung wird in den Raffinerien nach dem Verfahren von Frasch durch Destillation über feinverteiltes Kupferoxyd bewirkt.

Außer sandigen oder tonigen Bestandteilen, die in manchen Erdölen vorhanden sind und daraus durch geeignete Filtration entfernt werden können, enthält jedes Öl noch geringe Mengen anorganischer Bestandteile, die beim Verbrennen als Asche zurückbleiben. Die Asche besteht aus Eisen, Kalk, Magnesia, Tonerde u. dgl., die wahrscheinlich durch die im Öl enthaltenen organischen Säuren aus dem Gestein herausgelöst wurden. Ihr Prozentsatz im Öl ist außerordentlich gering und hat für seine Verwendung als Brennstoff im allgemeinen keine Bedeutung. Jedoch wurde bei Ölen, deren Asche vornehmlich Kieselsäure enthält, eine starke Abnutzung der Zylinderwandungen und Kolbenringe beobachtet[1]). Nach Höfer wurden gefunden im

Pechelbronner Rohöl . . . . 0.05 % Asche

Ägyptischen „ . . ca. 0.40 % „

Russischen „ . . . . 0.09 % „
(Baku)

Russischen „ . . . . 0.12—0,3 % „
(Grosny)

Kanadischen „ . . . . 0.006 % „

Die Zähflüssigkeit (Viskosität) des Rohöls schwankt je nach seiner Herkunft außerordentlich. Sie steht im innigsten Zusammenhang mit dem spez. Gewicht und den Ergebnissen der Siedeanalyse, insofern, als die höher siedenden Anteile neben dem höheren spez. Gewicht auch eine größere Zähflüssigkeit besitzen. Außerdem ist die Zähflüssigkeit des Rohöls von der Natur der hochsiedenden Fraktionen abhängig. Rohöle mit großem Asphaltgehalt werden eine hohe Zähflüssigkeit aufweisen.

Als oberste Grenze für die Verwendungsfähigkeit eines Öles für Motorenzwecke kann man eine Zähflüssigkeit von 5—6 Engler-Graden, bestimmt bei einer Temperatur von 80° C, annehmen. Die Anwärmung des Öles durch das ablaufende Kühlwasser genügt bei dieser Viskosität noch, um das Öl durch die Rohrleitungen zu bringen.

Der Heizwert des rohen Erdöls schwankt zwischen 9500 und 11 500 WE, beträgt also im Mittel 10 500 WE. Die Bestimmung des Heizwertes durch Berechnung aus der Elementaranalyse nach der Verbandsformel $H_u = 8100\,C + 29\,000\left(H - \dfrac{O}{8}\right)$

$+ 2500\,S - W$, wobei H_u den unteren Heizwert pro Kilogramm

C den in 1 kg Öl enthaltenen Kohlenstoff

H „ „ 1 „ „ „ Wasserstoff

S „ „ 1 „ „ „ Schwefel

W das „ 1 „ „ „ Wasser

bedeutet, ist ungenau.

Zuverlässige Resultate sind nur von der kalorimetrischen Heizwertbestimmung zu erwarten, deren Prinzip darauf beruht,

---

[1]) Constam u. Schläpfer, (Z. d. Ver. deutsch. Ing. 1913, Nr. 38 ff.).

daß eine genau gewogene Menge Öl in einer mit Sauerstoff gefüllten, geschlossenen Bombe verbrannt wird. Die Bombe steht in Wasser, so daß die erzeugte Verbrennungswärme an dieses vollständig abgegeben wird. Aus der Menge des Wassers bzw. dem Wasserwert der Bombe und der Temperatursteigerung läßt sich dann der Wärmegehalt des Öls direkt berechnen.

Der Luftbedarf des Rohöls läßt sich aus der Elementaranalyse nach der sogenannten zweiten Verbandsformel

$$\frac{\frac{8}{3}C + 8H + S - O}{0\cdot 23}\ \text{kg} \quad \text{oder} \quad \frac{\frac{8}{3}C + 8H + S - O}{0\cdot 30}\ \text{cbm}$$

berechnen. Nach dieser Formel erhält man für Rohöl unter Zugrundelegung einer Elementaranalyse von 84% C, 12% H, 1% O einen theoretischen Luftbedarf von 14 kg oder 10,5 cbm Luft pro 1 kg Öl.

II. Die Verarbeitungsprodukte des Erdöls.

1. Die Methoden der Verarbeitung.

Die Verarbeitung des Rohöls erfolgt durch Destillation und nachherige Raffination. Bei der Destillation verdampfen die einzelnen im Rohöl enthaltenen Kohlenwasserstoffe bzw. Kohlenwasserstoffgruppen, sobald durch die fortschreitende Erhitzung ihr Siedepunkt erreicht ist. Die entstandenen Dämpfe werden durch Kühlung niedergeschlagen (kondensiert) und die Kondensate getrennt aufgefangen. Man bewirkt durch dieses Verfahren eine Trennung der im Öl enthaltenen Kohlenwasserstoffe nach bestimmten technisch verwertbaren Gruppen. Die Isolierung der einzelnen chemischen Individuen ist nach dem heutigen Stande der Technik nicht möglich.

Die Kessel, in denen das Rohöl destilliert wird, sind stehender oder liegender Bauart und werden entweder durch direkte Feuerung — Naturgas oder Ölrückstände — oder indirekt durch Dampf geheizt. Vielfach nimmt man auch, besonders bei der Destillation der hochsiedenden Bestandteile, direkten Dampf oder Vakuum zu Hilfe. Abb. 3 zeigt den schematischen Längsschnitt durch eine Rohöldestillationsanlage.

Beim Auffangen der einzelnen Kohlenwasserstoffgruppen, Fraktionen genannt, richtet man sich nach dem spezifischen Ge-

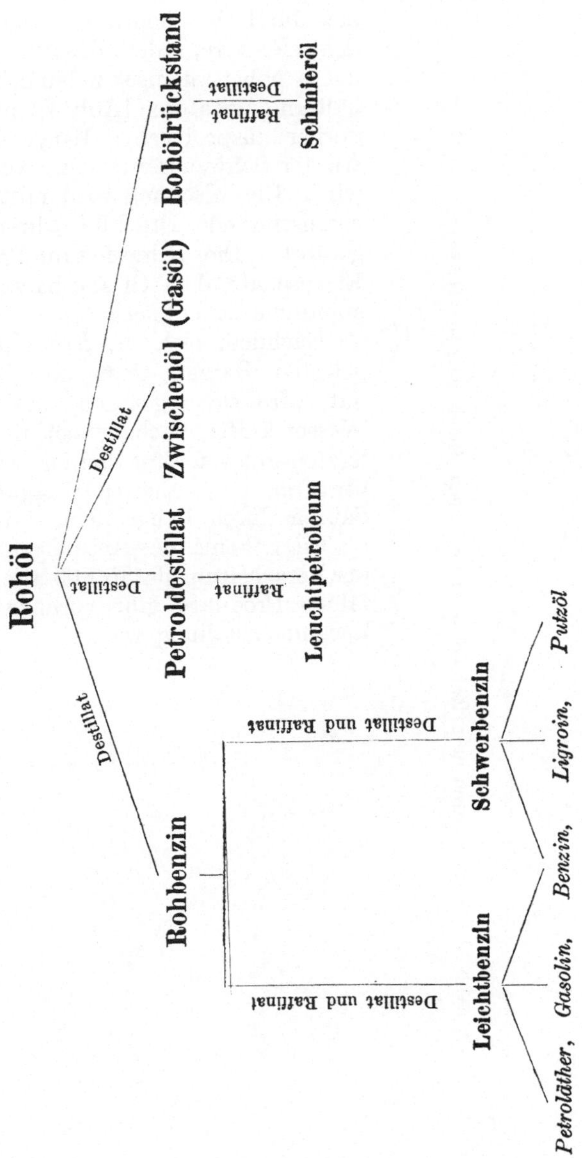

wicht. In der Regel werden vier Fraktionen aufgefangen, Benzin, Leuchtöl (Petroleum), Mittel- oder Gasöl und Schmieröl.

Sollen die Fraktionen weiter gereinigt werden, so geschieht

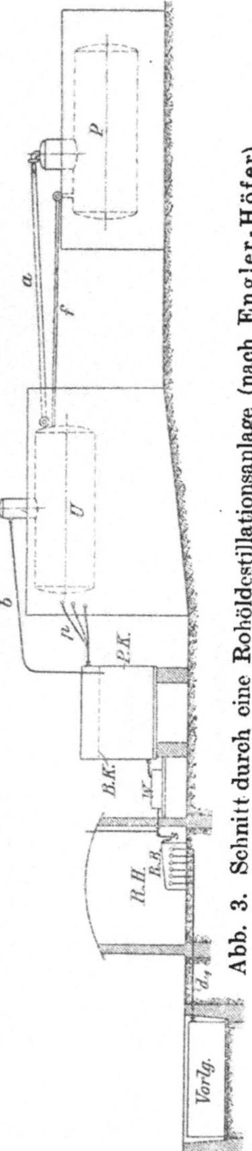

Abb. 3. Schnitt durch eine Rohöldestillationsanlage (nach Engler-Höfer).

dies durch Waschen mit konzentrierter Schwefelsäure, indem das betr. Destillat in hohen, konisch zulaufenden Behältern (Agitatoren [Abb. 4]) mit einer vorher ausprobierten Menge konzentrierter Schwefelsäure innig vermischt wird. Die Mischung wird mittels mechanischer oder Druckluftrührer durchgeführt. Die Schwefelsäure hat die Eigenschaft, dem Öl alle harzigen Bestandteile zu entziehen.

Nachdem sich die Säure mit den gelösten Harzen genügend abgesetzt hat, wird sie abgezogen, das Öl mit Wasser kräftig nachgewaschen und die letzten Schwefelsäurespuren sowie die etwa im Öl enthaltenen organischen Säuren durch Lauge neutralisiert.

Ein Schema des Arbeitsganges bei der Verarbeitung des Rohöls auf marktfähige Produkte gibt vorherstehende Zusammenstellung wieder.

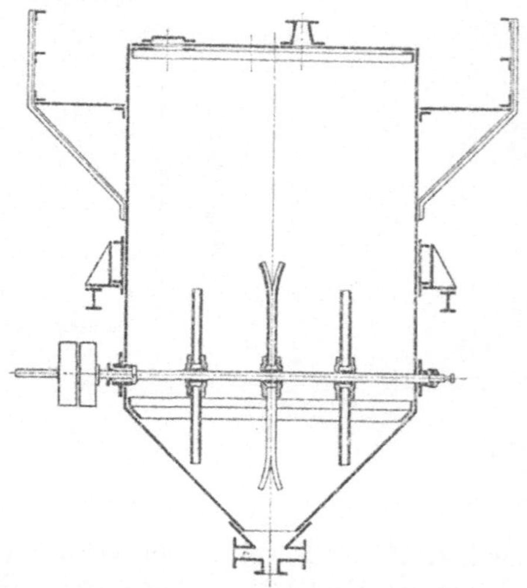

Abb. 4. Agitator.

2. Benzin.

Chemische Zusammensetzung. Die Bezeichnung „Benzin“ umfaßt alle leichtsiedenden Destillationsprodukte des Rohöls, die bis zur Temperatur von 150° C übergehen. Ihrer chemischen Natur nach sind dies bei den amerikanischen und galizischen Benzinen fast ausschließlich die Homologen der Methanreihe, von denen die wichtigsten Glieder in nachstehender Tabelle zusammengefaßt sind.

Name	Formel	Elementarzusammensetzung		Siedepunkt
		C %	H %	
Pentan.	C_5H_{12}	83.33	16.67	37° C
Hexan.	C_6H_{14}	83.72	16.28	69° C
Heptan	C_7H_{16}	84.00	16.00	98° C
Oktan	C_8H_{18}	84.21	15.79	125° C

Die russischen Benzine gehören vorwiegend der Naphthengruppe an:

Name	Formel	Elementarzusammensetzung		Siedepunkt
		C %	H %	
Zyklohexan . .	C_6H_{12}	85.71	14.29	80—82° C
Heptanaphthen .	$C_{17}H_{14}$	85.71	14.29	100—101° C
Oktonaphthen .	C_8H_{16}	85.71	14.29	119° C
Nononaphthen .	C_9H_{18}	85.71	14.29	135—136° C

Das indische Benzin besteht ebenfalls hauptsächlich aus Gliedern der Naphthenreihe, enthält aber auch noch Glieder der Benzolreihe, die sein spez. Gewicht erhöhen.

Als mittlere Elementaranalyse eines Benzins, wie es zum Betriebe von Automobilen benutzt wird, wurden folgende Zahlen gefunden:

$$\text{Kohlenstoff} = 85{,}1\%$$
$$\text{Wasserstoff} = 14{,}9\%.$$

Daraus berechnet sich der theoretische Luftbedarf zu 11,5 cbm pro 1 kg Benzin. Der untere Heizwert dieses Benzins wurde zu 10 160 WE/kg ermittelt[1]).

Bedeutung der Siedeanalyse. Über den Wert eines Benzins entscheidet der Destillationsverlauf bei der Siedeanalyse. Unterschiede in der chemischen Zusammensetzung können unberück-

---

[1]) Neumann (Z. Ver. deutsch. Ing. 1909 Nr. 9, S. 334).

sichtigt bleiben. Sie kommen nur für Lampenbenzin, wie es für Grubenlampen verwendet wird, in Frage. Für diese eignet sich das amerikanische wegen seines höheren Gehaltes an Wasserstoff besser als das indische.

Die Bewertung des Benzins im Handel geschieht aber nicht nach den Siedegrenzen, sondern nach dem spez. Gewicht. Der Grund dazu ist darin zu suchen, daß, bei dem hohen und schwankenden Preise der Benzindestillate und bei dem wechselnden Bedarf des Marktes an verschiedenen Qualitäten, der Fabrikant darauf sehen muß, aus einer gegebenen Menge Rohbenzin möglichst vorteilhaft die marktgängigen Sorten herzustellen. Dies kann natürlich am einfachsten durch Mischen der verschiedenen Destillate geschehen. Dem Käufer aber, der das Benzin für einen bestimmten Zweck gebrauchen will, ist mit der Angabe des spez. Gewichts nicht gedient, sondern er muß ein Benzin haben, das in bezug auf seine Destillationskurve gewissen Bedingungen entspricht.

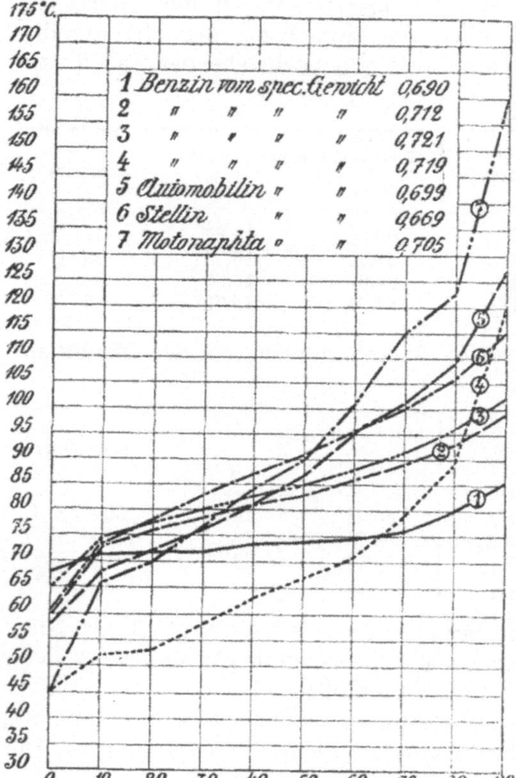

Abb. 5. Siedekurven verschiedener Benzinsorten.

Man kann nun den Grundsatz aufstellen, daß dasjenige Produkt, gleichgültig ob Leicht- oder Schwerbenzin, am wertvollsten ist, dessen Zusammensetzung möglichst homogen ist, dessen Siedegrenzen also möglichst eng zusammen liegen. Wird z. B. ein Benzin von mittlerem spez. Gewicht aus einem sehr leichten und einem sehr schweren Benzin zusammengemischt, so wird die Siedekurve steil verlaufen. Für den Motor hat das den Nachteil, daß die flüchtigen Bestandteile zuerst verdunsten, während die schweren zurückbleiben. Ein solches Verhalten kann besonders bei Automobilmotoren zu großen Unannehmlichkeiten führen, wenn auch zugestanden werden muß, daß durch Konstruktion geeigneter Vergaser viel zur. Abhilfe getan werden kann.

Zur Illustrierung des oben Gesagten möge nebenstehende Schaulinienzusammenstellung dienen, aus der die großen Unterschiede in den Siedekurven bei fast gleichen spez. Gewichten hervorgehen.

Handelssorten. Eine Zusammenstellung der im Handel üblichen Benzinsorten sei in nachstehender Tabelle 3 gegeben. Die Angaben für Siedegrenzen und spez. Gewicht sind natürlich unter den vorher besprochenen Gesichtspunkten zu bewerten.

Tabelle 3.[1)]

Bezeichnung	Spez. Gewicht bei 15° C	Siedegrenzen
Gasolin I (Petroläther)	0.650/60	30/80°
Gasolin II (Leichtbenzin).	0.660/80	30/95°
Autoluxusbenzin	0.690/700	50/105°
Automobilbenzin I.	0.700/705	50/110°
Motorenbenzin I.	0.715/20	50/115
Handelsbenzin.	0.725/35	70/115°
Waschbenzin (Ligroin)	0.740/50	80/120°
Schwerbenzin (Mineralterpentinöl, . Lackbenzin)	0.750/60	80/130°

Das spez. Gewicht des Benzins wird beeinflußt durch die Herkunft des Rohprodukts. Das indische Benzin hat bei gleichen Siedegrenzen ein höheres spez. Gewicht als das pennsylvanische. So hat z. B. ein Automobilbenzin aus pennsylvanischem Rohbenzin ein spez. Gewicht von 0,695—0,705, während dieselbe Qualität aus indischem Rohbenzin ein spez. Gewicht 0,705—0,715 aufweist.

Vorschläge zu einer anderen Regelung des Handels mit Benzin, beruhend auf einer Bewertung der Benzine nach der Siedegrenze, nicht nach dem spez. Gewicht, sind von K. Dieterich-Helfenberg[2)] gemacht worden. Danach sollen analog wie beim Handel mit Benzol die Benzine nach der Höhe derjenigen Anteile bewertet

---

[1)] Bezieht sich auf Benzin galizischen Ursprungs.
[2)] Zeitschr. Petroleum, XII. Jahrg. S. 647.

werden, die bis 100°C überdestillieren. Dieterich schlägt vor, drei Klassen von „Prozent Motorenbenzinen" zu unterscheiden:

1. 90%-Motoren Benzin-Leicht-, Luxusbenzin, bei dem bis 100° mindestens 90% übergehen müssen, also nicht mehr wie 10% Anteile über 100° vorhanden sind.
2. 70%-Motoren Benzin-Mittelbenzin, bei dem bis 100° mindestens 70% übergehen müssen, also nicht mehr wie 30% über 100° übergehende Anteile vorhanden sind.
3. 25-30%-Motoren Benzin-Schwer-, Nutzbenzin bei dem bis 100° mindestens 25% übergehen müssen, also nicht mehr wie 75% über 100° übergehende Anteile vorhanden sind.

Für andere als Motorenbenzine könnten dann noch Prozent-, Wasch-, Extraktions-, Lösungsbenzine gehandelt werden.

Eingehende Begründungen der Dieterichschen Vorschläge, sowie neue Methoden zur Untersuchung von Motorenbetriebsstoffen (insbesondere die Dracorubinprobe) finden sich in den im Verlage des Mitteleuropäischen Motorwagen-Vereins Berlin 1915 und 1916 erschienen beiden Sonderschriften:

„Die Analyse und Wertbestimmung der Motoren-Benzine-, Benzole und des Motor-Spiritus des Handels" und

„Die Unterscheidung und Prüfung der leichten Motorbetriebsstoffe und ihrer Kriegsersatzmittel" von Dr. Karl Dietrich.

Zollerleichterungen. Für stationäre Motoren können die billigeren, schwerer siedenden Destillate verwendet werden. Um den Bezug von Schwerbenzin zum Betriebe von Motoren (S. G. 0,750—0,770 inkl. bei 15°C) für das Kleingewerbe zu erleichtern. ist staatlicherseits die Einrichtung getroffen, daß dieses Destillat zum ermäßigten Zollsatz von 2 M. pro 100 kg brutto bzw. 2,50 M. pro 100 kg netto eingeführt werden darf.

Leichte Mineralöle, also auch solche, die zum Automobilbetrieb geeignet sind, können zum Betriebe von Motoren zollfrei an solche gewerbliche Unternehmungen abgelassen werden, deren Jahresbedarf 100 dz nicht übersteigt und welche nicht mehr als 50 Gehilfen beschäftigen. (Näheres über diese Zollerleichterungen siehe Anhang.) Auch diese letzte Bestimmung ist im Interesse des Kleingewerbes ergangen.

Einfuhr. Der deutsche Benzinbedarf wurde vor dem Kriege hauptsächlich durch die Einfuhr aus Amerika und Niederländisch-Indien gedeckt. Einen nicht unerheblichen Anteil lieferte auch Rumänien, Rußland und Galizien.

Feuergefährlichkeit. Als leichtester Anteil des Erdöls besitzt das Benzin große Flüchtigkeit und dadurch auch Feuergefährlichkeit. Für seine Lagerung und seinen Transport sind daher besondere Verordnungen erlassen. Nach diesen Verordnungen (siehe Anhang) werden die feuergefährlichen Flüssigkeiten in drei Gefahrenklassen eingeteilt, in deren erste sämtliche Benzinsorten wegen ihres niedrigen Entflammungspunktes eingereiht werden müssen. Nach Holde beträgt der Flammpunkt bei Benzin:

Siedegrenzen des

Benzins . . .	50—60⁰	60—78⁰	70—88⁰	80—100⁰	80—115⁰	100—150⁰
Flammpunkt unter	—58⁰	—39⁰	—45⁰	—22⁰	—21⁰	+10⁰

Von den in § 5, § 6 und § 7 dieser Verordnungen niedergelegten Vorschriften (Einrichtung eines sog. feuersicheren Kellers sowie die Vorschriften über Schutzzone) kann in dem Falle Abstand genommen werden, daß alle Behälter, Apparatenteile, Rohrleitungen und Armaturen explosions- und feuersicher hergestellt werden. Bei der Lagerung nach dem System der Firma Martini & Hünecke, Berlin, sind diese Bedingungen erfüllt.

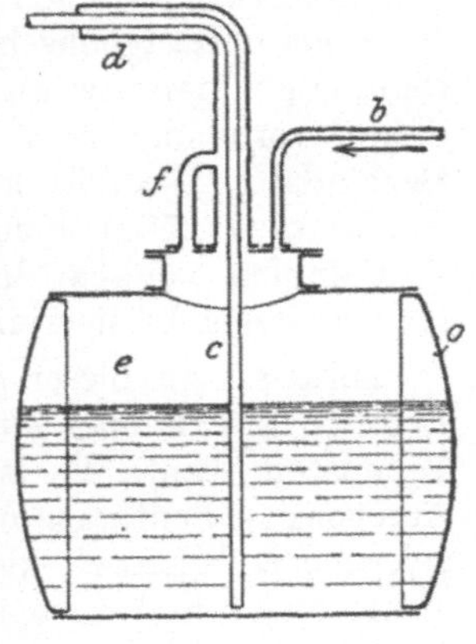

Abb. 6.

Das Prinzip dieses Systems besteht darin, daß ein nicht oxydierendes Gas, also Kohlensäure oder Stickstoff, in den Lagerbehälter eingeführt wird, so daß sich ein explosives Benzindampfluftgemisch nicht bilden kann. Das Schutzgas dient gleichzeitig zum Transport des Benzins bis an die Zapfstelle. Der Lagerbehälter ist zum Schutze gegen äußere Verletzungen und Einwirkungen von Hitze in die Erde eingegraben. Die Rohrleitungen sowie sämtliche Ventile und Zapfstellen sind durch eine sinnreiche Ausnutzung des Schutzgases gegen Austreten der Flüssigkeit im Falle eines Bruches gesichert. Abb. 6 gibt eine schematische Darstellung des Systems Martini & Hünecke wieder.

In den Lagerbehälter o wird durch Rohr b das Schutzgas unter schwachem Druck eingeführt. Die Fortleitung der Flüssigkeit zu den Zapfstellen erfolgt durch Rohr c, welches von einem Mantelrohr d umgeben ist. d steht mit dem Gasdruckraum des Lagerbehälters o in Verbindung. Wenn nun das Innenrohr undicht wird, treten die Schutzgase aus dem Mantel an der Bruchstelle ein, weil ihr Druck größer ist als der Flüssigkeitsdruck, und zwar um soviel, als letzterer Steighöhe bereits überwunden hat.

Bei Undichtigkeit oder Bruch des Mantelrohrs aber entweicht der Gasdruck, die Flüssigkeit steht dann nicht mehr unter Druck und kann mithin an der Bruchstelle nicht ausfließen.

Sämtliche Zapfhähne und Ventile sind natürlich ebenfalls gegen Bruch durch entsprechende Ausbildung des Mantelrohres geschützt, so daß bei Verletzung einer beliebigen Stelle des Systems jeder Austritt von Flüssigkeit ausgeschlossen ist.

Außer den bereits oben erwähnten Momenten, die für die Feuergefährlichkeit von Benzin in Frage kommen, nämlich leichte Verdampfbarkeit (s. Dampfspannungstabelle S. 23) und niedriger Entflammungspunkt kommt noch der geringe Explosionsbereich des Benzins zur Geltung. Dieser liegt nach Bestimmungen von Bunte[1]) zwischen 2,4 und 4,9 Volumprozenten. D. h. ein Benzindampfluftgemisch explodiert bei Annäherung einer Zündflamme nur dann, wenn darin 2,4 bis 4,9 Volumprozente Benzindampf vorhanden sind. Ist das Gemisch ärmer oder reicher an Benzindampf, so tritt keine Explosion ein. Da 1 l Benzin beim Verdampfen 250 l Benzindampf bildet, so genügt bereits das Verdampfen von ca. $^1/_{10}$—$^1/_5$ l Benzin pro 1 cbm Raum, um Explosionsgefahr herbeizuführen.

Luftgas. An dieser Stelle möge noch einer Verwendung des Benzins Erwähnung getan werden, bei der es nur indirekt als Brennstoff dient. Es ist dies die Bereitung von Luftgas, auch Aerogengas, Pentärgas usw. genannt. Dieses Gas wird für einzelgelegene Landhäuser, kleine Ortschaften u. dgl. für Beleuchtung, als Kochgas und auch als Motorengas für kleinere Motoren bis zu 4 PS. verwendet.

Seine Herstellung geschieht in besonderen Apparaten durch Überleiten von Luft über benzingetränkte Dochte oder dgl. Die Luftgeschwindigkeit wählt man so, daß ca. 250 g leichtsiedendes Benzin (Solin genannt) in einem Kubikmeter fertigen Gases enthalten sind. Dieses Gas hat dann einen Heizwert von 2300 bis 3000 WE/cbm. Sein spezifisches Gewicht beträgt auf Luft bezogen 1,2. Das Gas ist vollständig ungefährlich, weil das Mischungsverhältnis nicht innerhalb der Explosionsgrenzen liegt, sondern wesentlich reicher ist.

Bedeutende Mengen des zur Luftgasbereitung dienenden, leicht siedenden Benzins — spezifisches Gewicht 0.64—0.67, Siedegrenzen 40—57° C — werden in neuerer Zeit in Amerika aus Naturgas durch Kondensation der darin enthaltenen Dämpfe gewonnen.

---

[1]) Journ. Gas. — Wasserv. 1901 Nr. 45, S. 835.

Dampfspannungstabelle (mm Quecksilbersäule).

Pentan[1]		Hexan[2]	Auto-mobilin[3]	Stellin[3]	Moto-naphtha[3]	Benzin S.G. 0.719[4]	
Temp.	mm	mm	mm	mm	mm	Temp.	mm
—30° C	37.95	6.95	—	—	—	—	—
—20° C	68.85	14.10	—	—	—	—	—
—10°	114.3	25.90	—	—	—	—	—
0°	183.25	45.45	99.0	164	152	0° C	55
5°	—	—	115	190	170	—	—
10°	281.8	75.00	133	220	191	10.4°	78
15°	—	—	154	255	214	—	—
20°	420.2	120.0	179	296	240	23.1°	128
25°	—	—	210	358	260	—	—
30°	610.9	185.4	251	433	292	—	—
35°	—	—	301	512	345	34°	178
40°	873	276.7	360	596	413	40.2°	220
45°	—	—	422	685	496	—	—
50°	1193	400.9	493	792	575	—	—
55°	—	—	561	—	660	54.4°	343
60°	1605	566.2	648	—	768	—	—
65°	—	—	739	—	—	61.2°	424
70°	2119	787.0	846	—	—	—	—
75°	—	—	—	—	—	70.2°	522
80°	2735	1062	—	—	—	—	—
85°	—	—	—	—	—	82.6°	654
90°	3498	1407	—	—	—	—	—
95°	—	—	—	—	—	92.0°	760
100°	4410	1836	—	—	—	—	—

3. Petroleum.

Ausbeute. Das Petroleum, auch Steinöl, Leuchtöl genannt, ist das zweite Destillat des Erdöls und umfaßt die zwischen 150—300° übergehenden Anteile. Der Menge nach bildet es durchschnittlich den Hauptbestandteil des Erdöls, obgleich seine Ausbeute bei den verschiedenen Rohölen bedeutend schwankt. Einen Anhaltspunkt über die Größe dieser Ausbeute gibt vorstehende von Kißling[5] zusammengestellte Tabelle 4, die allerdings auf absolute Genauigkeit keinen Anspruch machen will.

Bedeutung der Siedeanalyse. Seine Hauptverwertung findet das Petroleum als Leuchtöl zum Brennen auf Lampen geeigneter Konstruktion; als solches ist es ein Welthandelsartikel von größter Bedeutung.

---

[1] Nach Young (Landolt-Börnstein).
[2] Nach Thomas und Young (Landolt-Börnstein).
[3] Nach Heirmann.
[4] Nach Neumann (Z. Ver. deutsch. Ing. 1909, Nr. 9).
[5] Kißling, Das Erdöl, seine Verarbeitung und Verwendung 1908, S. 46.

Tabelle 4.

Erdölsorte	Benzin %	Leuchtöl %	Schmieröl %	Paraffin %	Bemerkungen
Pennsylvanisches .	12	70	10	1.2	—
Kanadisches . . .	5	42	—	—	—
Russisches (Baku)	5	30	50	—	—
Russisches (Grosny)	5	20	60	—	—
Galizisches	5—25	25—40	?	0—10	—
Rumänisches . . .	0—49	28—47	?	3.8—29.2?	—
Deutsches (Elsaß).	4—5	30—32	30—32	2	—
Deutsches (Wietze leicht)	3	20	15% Solaröl 40% Vaselinöl	1.5	15% Asphalt
Deutsches (Wietze schwer)	1	6	14% Solaröl 50% Vulkanöl	—	25% Asphalt
Turkestan	7	46	35	2	—
Neuseeland. . . .	15	42	26	2	—
Texas	4	50	40	—	—

Demgegenüber ist seine Verwendung in Motoren und als Heizöl verschwindend, schon wegen seines durch die sorgfältige Raffination bedingten hohen Preises. Soll es für Motoren Verwendung finden, so ist darauf zu achten, daß es viel Herzfraktion hat, daß also eine möglichst große Menge zwischen 150 und 275° überdestilliert. Der Betrieb von Motoren mit Petroleum bereitet ja ohnehin schon einige Schwierigkeiten, weil der Vergaser stark angewärmt werden muß, um eine gute Verdampfung zu erzielen. Enthält das Petroleum nun viel über 275° siedende Bestandteile, so besteht die Gefahr, daß sich Rückstände bilden, die ein Verschmutzen der Maschine zur Folge haben. Die Dampfspannung eines normalen Petroleums beträgt nach Redwood[1]:

Temperatur °C	Wassersäule mm	Temperatur °C	Wassersäule mm	Temperatur °C	Wassersäule mm
0	34.5	12	57	24	95
1	36	13	59	25	100
2	37.5	14	61.5	26	105
3	39	15	64	27	110
4	41	16	67	28	116
5	43	17	70	29	122
6	45	18	73	30	129
7	47	19	76	31	136
8	49	20	79	32	144
9	51	21	82.5	33	155
10	53	22	86	34	163
11	55	23	90	35	174

[1] Handbook on Petroleum, London 1906, S. 116.

Die Destillationskurven einer Reihe von marktgängigen Petroleumsorten sind in nachstehender Tabelle 5 wiedergegeben.

Tabelle 5.

Bezeichnung	Siedeanalyse					Spez. Gew.	Flammpunkt
	150°	200°	250°	275°	306°		
Pennsylvanisches Petroleum der Pure Oil Company „Standard white"	23	43	66	—	92	0.799	26°
Pennsylvanisches Petroleum der Pure Oil Company „Water white"	16	54	87	—	98	0.791	43°
Pennsylvanisches Petroleum der Deutsch-Amerikanischen Petroleum-Gesellschaft	13.2	31.7	49.1	61.6	77.5	0.792	25.5
Deutsches Petroleum d. Hannoverschen Erdölraffinerie, Linden .	5.2	58.4	90.7	94.7	97.1	0.8145	33°
Russisches Petroleum der Deutschen Petroleum-Verkaufsgesellschaft „Meteor"	8.4	42.4	73.2	86.2	95.8	0.807	30°
desgleichen „Nobel"	5.6	42.8	79	91	98	0.821	34°
Petroleum der Baltik Petroleum-Import-Gesellschaft Hamburg .	6.6	37.6	75.6	89.1	97	0.824	32°
Galizisches Petroleum der Deutsch-Österreichischen Petroleum-Ges. m. b. H. Hamburg Marke „Prime white"	11.8	40.1	67.5	81.2	91.7	0.809	25°
Motorenpetroleum der Licht- und Kraft-Petroleum-Gesellschaft m. b. H., Limanowa	18	47.8	72.2	84	93.8	0.8045	26°
do.	13	22.6	34.4	62	89.8	0.824	24.5
Rumänisches Petroleum	12.7	60.5	88.3	—	97	0.806	30°

Handelssorten. Der Handel bewertet das Petroleum nicht nach den Siedegrenzen, sondern nach der Farbe, die einen Rückschluß auf die Güte der Raffination zuläßt. Die Handelsbezeichnungen für Petroleum, von der geringsten Sorte angefangen, sind folgende: Good Merchantable, Standard White, Prime White, Superfine White, Water White. Die Farbe des Petroleums wird an der Börse durch Kolorimeter, welche einen Vergleich der Farbe des vorliegenden Musters mit der Färbung einer Normalglasplatte gestatten, festgestellt.

Entflammungspunkt. Einen weiteren Anhaltspunkt über die Qualität des Petroleums gibt der Flammpunkt. Je sorgfältiger der Destillations- und Raffinationsprozeß durchgeführt worden ist, desto höher liegt der Flammpunkt. Seine untere Grenze ist in Deutschland und in den meisten anderen Kulturstaaten gesetzlich geregelt. In Deutschland darf kein Petroleum in den Handel gebracht werden, dessen Entflammungspunkt, im Abelschen Apparat bestimmt, unter 21° C liegt. Der Ursprung dieses Gesetzes stammt aus der Zeit, wo Benzin ein fast wertloses Abfallprodukt war und die Fabrikanten naturgemäß da Bestreben hatten, möglichst viel Benzin unter das Petroleum zu mischen. Heutzutage liegen die Verhältnisse umgekehrt. Trotzdem besteht das Gesetz noch zu Recht.

Konstanten. Als mittlere Elementaranalyse eines Leuchtpetroleums kann man annehmen

$$85.28\% \text{ Kohlenstoff}$$
$$14.12\% \text{ Wasserstoff}$$
$$0.60\% \text{ Sauerstoff} + \text{Stickstoff.}$$

Hiernach läßt sich der theoretische Luftbedarf zu rund 11.3 cbm berechnen. Der untere Heizwert beträgt im Mittel 10 500 WE/kg. Asche und Schwefelgehalt sind gering und können mit 0 0002% bzw. 0.02% angenommen werden.

4. Gasöl.

Das Gasöl ist das an dritter Stelle, zwischen 250° und 360° übergehende Destillationsprodukt des Erdöls; es steht also zwischen Petroleum und den Schmierölen. Der Menge nach macht es ca. 10% des Rohöls aus, also für 1915 ca. 5,7 Millionen Tonnen. Dieser Prozentsatz ist natürlich nur ein Mittelwert, da bei den Rohölen verschiedener Herkunft auch die Ausbeute an Gasöl beträchtlich schwankt. So beträgt z. B. die Gasölausbeute aus deutschem Rohöl nur ca. 5%. Es stehen also an inländischem Gasöl nur ca. 7000 t zur Verfügung. Der größte Teil des Bedarfs mußte also aus dem Auslande gedeckt werden.

Es wurden nach Deutschland an Gasöl eingeführt:

	1908	1909	1910	1911	1912	
insgesamt	295 972	301 650	303 687	465 300	673 093	dz
aus Amerika	—	—	12 281	127 321	119 220	„
aus Österreich	—	—	290 438	336 185	550 490	„

Diese Zahlen umfassen nur die Einfuhr von solchem Gasöl, das zum Motorenbetrieb oder zur Carburierung von Wassergas verwendet wird und ein spez. Gewicht von 0.830—0.880 hat. Die zur Herstellung von Ölgas erforderlichen Mengen sind also nicht darin enthalten.

Das Gasöl ist bedeutend dickflüssiger als Petroleum (Viscosität bei 20° ca. 1.5—3 Englergrade) und von brauner Farbe, die ins Bläuliche oder Grünliche fluoresciert. Es wird daher auch Blauöl oder Grünöl genannt. Den Namen „Gasöl“ verdankt es seiner Eigenschaft, sich bei Temperaturen zwischen 700 und 800° in gasförmige Produkte zu zersetzen. Diese Eigenschaft kommt vornehmlich den im Gasöl enthaltenen Kohlenwasserstoffen der Paraffinreihe zu, während die ungesättigten und cyclischen Kohlenwasserstoffe weniger Gas ergeben. Das Gasöl bildet daher das wichtigste Ausgangsmaterial für die Darstellung von Ölgas (Fettgas, siehe auch S. 49), das vor dem Kriege in großem Umfange zur Beleuchtung der Eisenbahnwagen hergestellt wurde. Aber auch für die Ölmotorenindustrie ist es wegen seiner Fähigkeit, bei nicht zu hoher Temperatur Gas zu bilden, ein wertvolles Treibmittel. Besonders in der Entwicklungszeit des Dieselmotors, als man noch nicht schwe rvergasbare Treibmittel, wie Steinkohlenteeröl usw., verarbeiten konnte, spielte das Gasöl eine besondere Rolle, da es neben dem Paraffinöl der Braunkohlenteerindustrie der einzige stets einwandfrei arbeitende Brennstoff war.

Zollerleichterung. In Anbetracht der Wichtigkeit des Gasöls für die Dieselmotorenindustrie wurde der Zollsatz von 7.20 M. pro 100 kg auf 3.60 M. herabgesetzt, und zwar für solches Öl, das als Treiböl für Motoren sowie zur Carburierung von Wassergas gebraucht wird, während für alle anderen Verwertungszwecke, z. B. zur Fettgasbereitung, der volle Zoll von 7.20 M. pro 100 kg netto zu entrichten ist.

Um die Vergünstigung der Zollermäßigung zu erlangen, ist beim nächstgelegenen Zollamt die Erteilung eines Zollerlaubnisscheines für die Einführung von ausländischem Gasöl zu beantragen. Nach Prüfung der Verhältn sse erteilt die Zollbehörde ohne weiteres den Erlaubnisschein. Das eingeführte Öl wird unter zollamtlichem Mitverschluß gehalten und unterliegt dauernder Überwachung bezüglich seiner Verwendung. (Bestimmungen siehe Anhang.)

Konstanten. Über Destillationsgrenzen, Flammpunkt und spezifisches Gewicht von Gasöl verschiedener Herkunft gibt die nachstehende Tabelle 6 Aufschluß.

Tabelle 6.

Bezeichnung	Spez. Gewicht	Flammpunkt	Siedeanalyse			
			bis 150° C %	bis 200° C %	bis 250° C %	bis 300° C %
Gasöl aus Pechelbronn . . .	0.853	67°	—	11	32	73
Galizisches Treiböl d. Deutsch-Amerikan. Petroleumgesell-schaft	0.861	53°	—	—	10	70
Gasöl Dzieditz der Deutschen Vacuum-Öl-Companie . . .	0.863	109°	—	—	16	76
Gasöl aus schwerem Wietzer Rohöl	0.849	95°	—	—	11	73.5
Gasöl aus leichtem Wietzer Rohöl	0.882	—	1.7	7.0	16.0	22.1
Rumänisches Gasöl A . . .	0.879	75°	—	—	37.2	80.0
Rumänisches Gasöl B . . .	0.886	66.5°	—	1.1	24.6	68.7

Die **elementare Zusammensetzung** und der **Heizwert** von Gasöl verschiedener Herkunft unterliegt nur geringen Schwankungen:

Bezeichnung	unterer Heizwert	Elementaranalyse			
		C %	H %	O+N %	S %
Galizisches Gasöl	9834	87.00	12.98	0.13	0.42
Pechelbronner Gasöl	10186	85.96	12.97	0.14	0.56
Rumänisches Gasöl	9896	85.03	12.22	—	—
Wietzer Gasöl	9994	86.64	12.88	0.02	0.26
Texas Gasöl	9890	86.40	12.20	—	—

Als **mittlere Elementaranalyse** kann man hieraus aufstellen:
$$C = 86.20; \quad H = 12.65$$
Luftbedarf: ca. 11 cbm pro 1 kg Gasöl.

5. Rückstände.

Masut. Die nach Abtreiben des Gasöls verbleibenden Rückstände werden entweder weiter verarbeitet oder als Heiz- oder Treiböl verwendet. Welches Verfahren gewählt wird, richtet sich sowohl nach den Eigenschaften des Rohöls als auch nach der jeweiligen Marktlage. Trotzdem die Rückstände noch wertvolle Materialien enthalten, wie Schmieröl, Paraffin u. dgl., kann es unlohnend sein, diese herauszuarbeiten. So wird z. B. in Rußland zur Zeit nur eine geringe Menge des zur Destillation gelangenden Rohöls auf Schmieröl verarbeitet. Der weitaus größte Teil wird nur von dem Leuchtöl befreit und der Rest als Masut (Astatki, Ostatki) in den Handel gebracht. Dabei beträgt der Anteil an Masut ca. 50% des Rohöls. Ähnlich liegen die Verhältnisse in Rumänien und Galizien. Der Rückstand des rumänischen Rohöls heißt „Pacura", derjenige des galizischen „Masut" wie in Rußland.

In den Englisch sprechenden Ländern versteht man unter dem Ausdruck „liquid fuel" Erdölrückstände.

Für Deutschland haben diese Brennstoffe kein Interesse, da auf ihnen wegen ihres hohen spez. Gewichtes der ganze Zoll von 7.20 M. pro 100 kg netto ruht.

Die chemischen und physikalischen Konstanten verschiedener Erdölrückstände sind in nachstehender Tabelle 7 wiedergegeben:

Tabelle 7.

Bezeichnung	Spez. Gewicht 15° C	Flamm-punkt ° C	Visko-sität ° Engler	Elementaranalyse			Heiz-wert WE/kg
				C %	H %	O+N+S %	
Russischer Masut	0.890/950	über 70°	6—10	87.1	11.7	1.2	10.700
Galizischer Masut Boryslaw . .	0.925	„ 109°	—	85.23	13.24	1.5	
Galizischer Masut Harklowa . .	0.910/930	„ 141°	—	86.56	12.54	0.9	
Rumänische Pa-cura	0.90/98	„ 140°	—	—	—	—	—

Hieraus läßt sich eine mittlere Anaylse zu 86.30% C, 12.50% H und 1.2% O berechnen. Theoretischer Luftbedarf ca. 10.5 cbm.

Naphthetine. Eine besondere Art von Petroleumrückstand, die nur für Italien und speziell für die italienische Marine in Frage kommt, ist die sogenannte Naphthetine, die als flüssiger Brennstoff öfters in der Literatur erwähnt wird. Dieser Rückstand stammt wohl meistens aus Rumänien und entspricht betreffs Feuersicherheit hohen Anforderungen. Seine Zusammensetzung ist folgende:

Spez. Gewicht 15° 0.896   Elementaranalyse C 82.02%
Flammpunkt   113°   H 12.16%
Viskosität bei 20° 11.9° Engler   O + N 4.82%
    „   „ 50°   3.1° „   Unterer Heizwert
    „   „ 80°   1.6° „   WE/kg 10 077
        Siedeanalyse: { Beginn 258°
                      { bis 300° gehen 20.0% über.

Zweites Kapitel.

Die Steinkohlenteere und ihre Verarbeitungsprodukte.

I. Die Teere der Leuchtgasfabrikation.

1. Allgemeines.

Der Steinkohlenteer entsteht bei der trockenen Destillation der Steinkohle als Nebenprodukt. Die Ausbeute beträgt bei der Leuchtgasbereitung im Mittel 5%, bei der Koksfabrikation 2—6%.

Die physikalischen und chemischen Eigenschaften des Teers sind je nach Herkunft der Kohle und Art der Destillation verschieden.

An Kohlenarten kommen fast ausschließlich sogenannte Fettkohlen mit einem Gehalt an flüchtigen Bestandteilen von 20—40% zur Destillation.

Die Art der Destillation ist bei den beiden Industrien, die sich mit der trockenen Destillation von Steinkohle beschäftigen, der Leuchtgasindustrie und dem Kokereibetriebe, verschieden. Diese Verschiedenheit ist bedingt durch den Endzweck der beiden Fabrikationszweige, indem die Leuchtgasindustrie möglichst viel Gas aus der Kohle erzeugen will, während die Kokereien auf einen guten und festen Koks, der eine für den Hüttenprozeß genügende Tragfähigkeit besitzt, ihre Hauptaufmerksamkeit richten. Vor Ausbruch des Krieges wurden ca. 25% der Gesamt-Steinkohlenproduktion verkokt, und zwar 20% auf Hüttenkoks und 5% auf Leuchtgas. Während des Krieges ist die Koksproduktion in allen Ländern gewaltig gesteigert worden zwecks Gewinnung der für die Munitionserzeugung unentbehrlichen Nebenprodukte. Für Deutschland kam auch noch eine vermehrte Gewinnung von Heizöl (Teeröl) für die Flotte in Frage.

2. Horizontalofenteer.

Gewinnung. Die Leuchtgasanstalten destillieren die Kohle vorzugsweise in sogenannten Retorten, das sind wagerecht oder schräg liegende Röhren von elliptischem Querschnitt aus feuer-

festem Ton, die ein Fassungsvermögen von 140—300 kg Kohle
haben.

Diese Retorten liegen bis zu 9 Stück zusammen in einem Ofen-

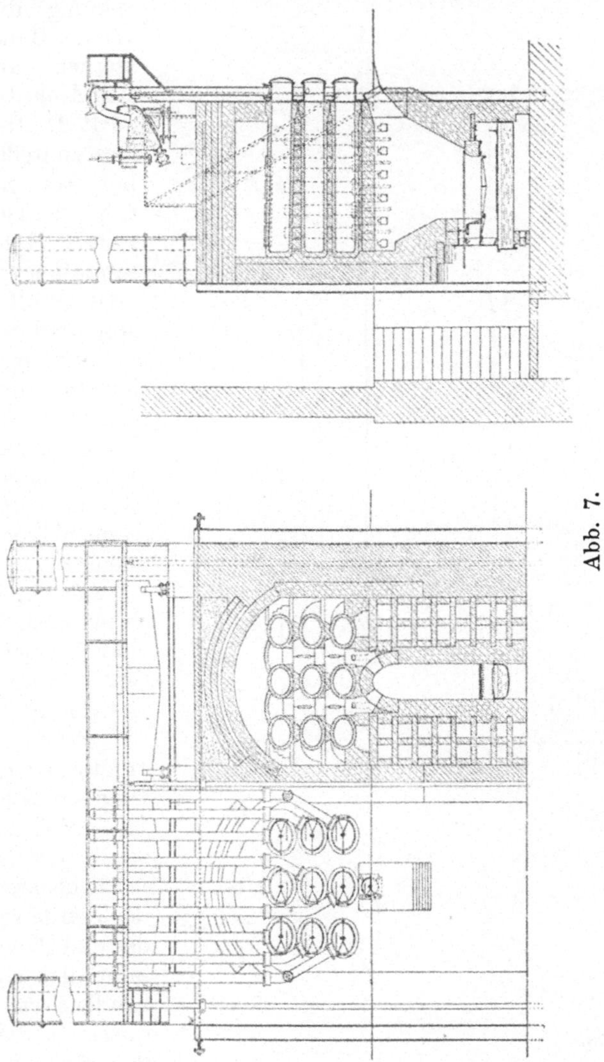

block, der durch Gas beheizt wird (Abb. 7). Die Retorten werden
also allseitig von den Gasflammen umspült und erhalten dadurch
eine Endtemperatur von 1000—1300°. Das zur Heizung der

Retorten dienende Generatorgas wird aus einem Teile des anfallenden Koks erzeugt.

Durch die hohe Erhitzung erleidet die Steinkohle eine Zersetzung; die flüchtigen Bestandteile werden ausgetrieben, Koks bleibt zurück. Die flüchtigen Bestandteile bestehen aus gasförmigen, flüssigen und festen Kohlenwasserstoffen sowie aus Sauerstoff-Stickstoff und Schwefelverbindungen. Uns interessieren hier nur die flüssigen und festen organischen Verbindungen, welche man mit dem Namen Teer zusammenfaßt.

Aus der Retorte entweichen die Gase und Dämpfe mit ca. 300° durch eine Steigleitung in die Teervorlage, ein trogförmiges, allseitig geschlossenes Gefäß. Hier schlagen sich bereits die leicht verdichtbaren Teile der Teerdämpfe nieder und fließen mitsamt dem ebenfalls kondensierten Gaswasser in die Sammelgrube ab.

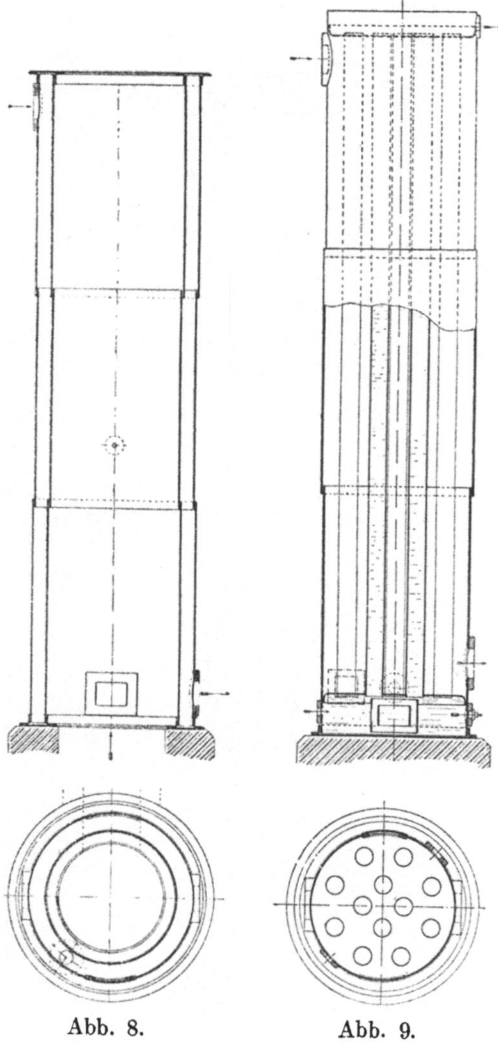

Abb. 8.   Abb. 9.

Der Rest der Teerdämpfe entweicht mit dem Gas durch die Rohgasleitung und tritt dann mit einer Temperatur von 60 bis 70° in die eigentliche Kühlanlage über.

Die Kühlanlage be-
zweckt hauptsächlich,
die noch im Gase schwe-
benden Teerdämpfe zur
Abscheidung zu bringen,
und muß zu diesem
Zwecke recht groß be-
messen sein, da die Teer-
dämpfe nur bei lang-
samer, stetiger Abküh-
lung sich zu Tröpfchen
zusammenballen.   Bei
schneller Abkühlung bil-
den sich Nebel, die einer
weiteren Verdichtung
großen Widerstand ent-
gegensetzen.

Man wählt daher die
Kühlung durch Luft und
bevorzugt der Raum-
ersparnis halber soge-
nannte Luftringkühler,
bei denen die Luft von
zwei Seiten ihre kühlende
Wirkung ausüben kann
(Abb. 8).

In diesen wird die Tem-
peratur des Gases unter
reichlicher Abscheidung
von Teer und Wasser auf
ca. 30° erniedrigt. Die
Kondensate fließen der
Sammelgrube zu.

Weitere Abscheidun-
gen von Teer finden
in den Wasserkühlern
(Abb. 9) und im Gas-
sauger statt.   Der letz-
tere hat die Aufgabe,
das Gas aus den Retorten
abzusaugen und durch
die Reinigungsapparate
hindurchzudrücken.

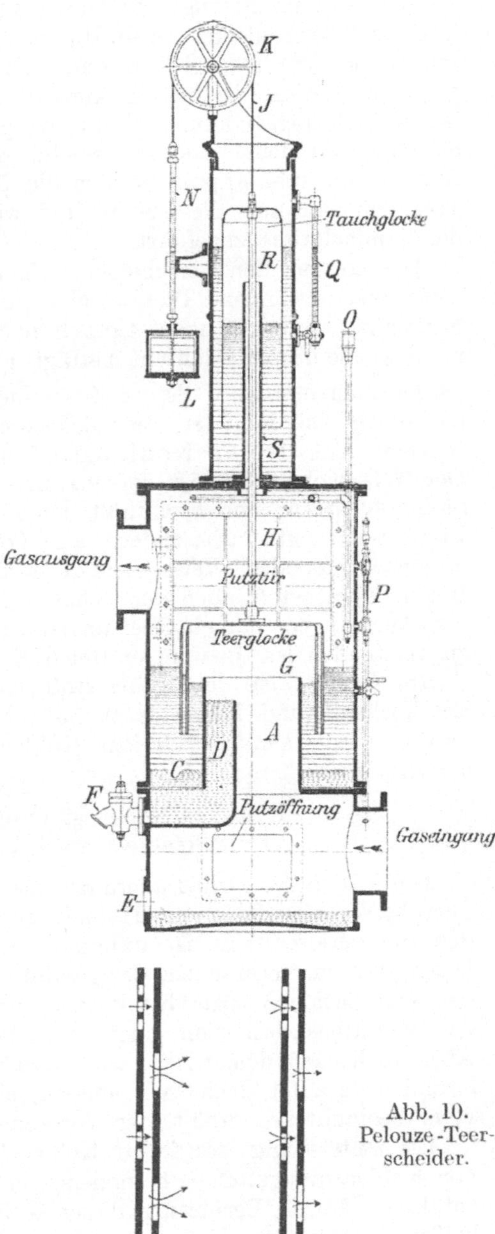

Abb. 10.
Pelouze-Teer-
scheider.

Die Schlußreinigung des Gases vom Teergehalt erfolgt im „Pelouze"-Teerscheider (Abb. 10), in welchem die im Gasstrom schwimmenden Teernebel durch Stoßverdichtung zum Platzen gebracht werden. In diesem Apparat muß das Gas unter mehrfacher Richtungsänderung Blechpaare passieren, in denen schmale Schlitze und feine Löcher versetzt gegeneinander angeordnet sind. Durch den Anprall werden die Teerbläschen zerstört. Der Teer läuft an den Blechen ab und wird durch einen Überlauf der Sammelgrube zugeführt.

Der so aus den verschiedenen Kondensationsapparaten des Gaswerkes gewonnene Teer ist eine tiefschwarze, schmierig-ölige Flüssigkeit von kräftigem Geruch nach Karbolsäure und Ammoniak. Sein spez. Gewicht beträgt 1.1—1.2.

Zusammensetzung. Seiner Zusammensetzung nach besteht er aus einem Gemisch der verschiedensten Kohlenwasserstoffe, in welchem sich freier Kohlenstoff in der Schwebe befindet. Der freie Kohlenstoff ist der charakteristische Bestandteil aller Steinkohlenteere und beeinflußt deren Verwendung als flüssigen Brennstoff und insbesondere als Treiböl für Dieselmotoren in einschneidender Weise, zumal mit steigendem Gehalt an freiem Kohlenstoff auch der Gehalt an Pech zu wachsen pflegt. Man kann sagen, daß ein Teer um so besser als Heiz- oder Treiböl zu verwenden ist, je weniger freien Kohlenstoff er enthält.

Im Gasteer ist der Kohlenstoffgehalt von allen Teersorten am höchsten und kann bis zu 33% betragen. Vergleichsweise beträgt der Gehalt an freiem Kohlenstoff bei anderen Teersorten:

Koksofenteer meist unter 7%,
Vertikalofenteer 2—4%.

Durch den Krieg hat allerdings die Frage, welche Sorte von Teer besser als Heiz- und Treiböl verwendbar ist, sehr an Bedeutung verloren. Es ist während des Krieges gesetzlich verboten, Teer zu verbrennen, der gesamte Teeranfall muß vielmehr den Destillationen zugeführt werden, um die darin enthaltenen, zur Munitionsfabrikation unentbehrlichen Stoffe zu gewinnen. Aber auch nach dem Kriege wird man aus volkswirtschaftlichen Gründen darauf bedacht sein müssen, ein Produkt, das so wertvolle Bestandteile enthält, der Verbrennung zu entziehen.

Die Entstehung des freien Kohlenstoffs ist auf den Zerfall von Kohlenwasserstoffen, besonders von leichtflüchtigen, zurückzuführen. Durch Berührung dieser Kohlenwasserstoffe mit den heißen Retortenwandungen spaltet sich Wasserstoff ab; der

Kohlenstoff bleibt in der Form von feinverteiltem Ruß zurück und scheidet sich mit den öligen Teerbestandteilen in den Vorlagen und Kühlern ab. Je niedriger daher die Destillationstemperatur ist, desto geringer ist die Möglichkeit zur Zersetzung der leichten Kohlenwasserstoffe.

Von den festen Kohlenwasserstoffen des Teers ist noch das Naphthalin, ein leicht sublimierbarer, in reinem Zustande schneeweißer kristallinischer Körper von der chemischen Formel $C_{10}H_8$, besonders erwähnenswert. Auch das Naphthalin tritt in um so größerer Menge im Teer auf, je größer die Überhitzung der Destillationsgase in der Retorte war. Durchschnittlich beträgt sein Gehalt im Horizontalofenteer 6%. Da es in den flüssigen Kohlenwasserstoffen des Teers vollständig gelöst ist, so verursacht es im Gegensatz zum Kohlenstoff keinerlei Schwierigkeiten bei der Verbrennung.

Die übrigen Bestandteile des Steinkohlenteers sind bis auf einige, nur in geringer Menge vorkommende Körper flüssiger Natur.

Die Gesamtzahl der im Steinkohlenteer vorhandenen Kohlenwasserstoffe beträgt ca. 75. Der durchschnittliche Anteil der wichtigsten derselben im deutschen Gasteer ist nach Kraemer[1]):

Benzol und seine Homologen C_nH_{2n-6}	2.50%
Phenol und Homologen $C_nH_{2n-7}OH$	2.00%
Pyridin (Chinolinbasen) $C_nH_{2n-7}N$	0.25%
Naphthalin Acenaphthen C_nH_{2n-12}	6.00%
Schwere Öle C_nH_n	20.00%
Anthrazen, Phenanthren C_nH_{2n-18}	2.00%
Asphalt (lösliche Bestandteile des Peches) $C_{2n}H_n$	38.00%
Kohle (unlösliche Bestandteile des Peches) $C_{3n}H_n$	24.00%
Wasser	4.00%
Gase und Verlust	1.25%

Destillationsprobe. Diese Einzelbestandteile können aus dem Steinkohlenteer durch Destillation und nachherige Raffination isoliert werden, wodurch man einen tieferen Einblick in die Zusammensetzung des vorliegenden Teeres erhält. Es genügt aber auch schon durch fraktionierte Destillation, den Gehalt des Teeres an einzelnen Gruppen von Kohlenwasserstoffen festzustellen. Zweckmäßig bestimmt man die Anteile, die bis 170°, 230°, 270°, 320° überdestillieren, und erhält so:

---

[1]) Journ. f. Gasb. u. Wasserv. 1891, S. 225.

$$
\begin{array}{ll}
\text{Leichtöle} & \text{bis } 170° \\
\text{Mittelöle} & 170\text{—}230° \\
\text{Schweröle} & 230\text{—}270° \\
\text{Anthrazenöle} & 270\text{—}320° \\
\text{Pech} & \text{—}
\end{array}
$$

Nach dieser Methode verarbeitete Teere aus den Gasanstalten verschiedener Gegenden Deutschlands ergaben folgende Zusammensetzung:

Tabelle 8[1]).

	Leichtöl	Mittelöl	Schweröl	Anthrazenöl	Pech	Wasser
Teer 1	2.1	12.0	9.2	18.0	55.1	3.0
Teer 2	2.5	12.9	11.2	15.2	52.2	4.9
Teer 3	3.3	9.4	7.0	17.0	59.9	3.1
Teer 4	3.8	10.8	8.6	12.1	59.4	4.1
Teer 5	3.10	7.68	10.15	11.54	62.00	3.5
Teer 6	5.58	13.51	8.70	21.12	47.81	2.79
Teer 7	15.37	17.33	2.63	13.12	42.41	8.97
Teer 8	6.36	10.77	4.89	13.02	58.51	5.87
Teer 9	2.50	13.87	7.37	16.13	57.91	1.87
Teer 10	6.72	7.73	3.64	5.10	63.73	11.21
Teer 11	2.04	9.89	6.43	20.45	60.12	0.89
Teer 12	2.10	2.31	4.45	7.77	76.09	4.62
Teer 13	1.20	4.47	1.87	3.82	82.56	5.29
Teer 14	5.51	10.22	4.16	5.51	68.49	5.01
Teer 15	1.99	5.18	3.52	3.06	73.95	11.31

Als Grenzwerte von 9 Horizontalofenteeren fanden Constam Schläpfer[2]):

$$
\begin{array}{ll}
\text{Leichtöl} & 1.0\text{—}6.6\% \\
\text{Mittelöl} & 10.2\text{—}14.0\% \\
\text{Schweröl} & 8.5\text{—}13.0\% \\
\text{Anthrazenöl} & 9.9\text{—}21.9\% \\
\text{Pech} & 51.7\text{—}66.5\%
\end{array}
$$

Die Angaben beziehen sich auf wasser- und aschefreie Teere. Ihrem **chemischen Charakter** nach gehören die Kohlenwasserstoffe des Steinkohlenteers vorwiegend der sogenannten Benzolreihe an. In diesen Verbindungen sind die Elemente Kohlenstoff und Wasserstoff ringförmig zueinander gelagert, während die Elemente der Kohlenwasserstoffe der sogenannten Paraffinreihe,

---

[1]) Mallmann (Journ. f. Gasb. — Wasserv. 1905, S. 826).
[2]) Z. Ver. deutsch. Ing. 1913, Nr. 38ff.

aus deren Gliedern das Erdöl besteht, kettenförmig aneinandergereiht sind:

$$HC\begin{array}{c}CH\\ \diagup\diagdown\\ HC\ \ \ \ CH\\ \diagdown\diagup\\ CH\end{array}CH \qquad C_6H_6 = \text{Benzol (ringförmig)}$$

$$CH_3{-}CH_2{-}CH_2{-}CH_2{-}CH_2{-}CH_3 \qquad C_6H_{14} = \text{Hexan (kettenförmig).}$$

Die festere ringförmige Bindung der Teerkohlenwasserstoffe setzt der Aufspaltung bei der Verbrennung größeren Widerstand entgegen als die losere kettenförmige, worauf zuerst Rieppel[1] hingewiesen hat. Diese Eigenschaft hat die Verwertung der Teerkohlenwasserstoffe in Dieselmotoren sehr erschwert, da zur Verbrennung derselben mehr Zeit oder höhere Temperatur aufgewendet werden muß, als beim Dieselmotorenprozeß zur Verfügung steht. Man hilft sich in der Regel dadurch, daß man zur Einleitung der Verbrennung eine geringe Menge eines Öles der Paraffinreihe vorher einspritzt. Neuerdings ist es auch, hauptsächlich durch eine außerordentlich feine Zerstäubung des Brennstoffs, gelungen, Dieselmotoren, nachdem sie sich im Beharrungszustande befinden und ausreichend warm geworden sind, ausschließlich mit Teerkohlenwasserstoffen (Teeröl) zu betreiben. Die Hilfseinspritzung von Paraffinöl ist dann nur zur Inbetriebsetzung des Motors erforderlich.

Tabelle 9.

Elementaranalysen von Gasteeren verschiedener Herkunft

Bezeichnung	C %	H %	O + N %	S %
Horizontalofenteer aus Saarkohle[2].	92.48	4.44	2.83	0.25
Horizontalofenteer aus Ruhrkohle[2].	92.48	4.29	3.06	0.17
Horizontalofenteer aus schles. Kohle[2]	92.37	4.59	2.79	0.25
Horizontalofenteer aus engl. Kohle[2]	92.80	4.21	1.57	0.42
Horizontalofenteer, Grenzwerte aus 9 Proben[3]	90.4—92.9	4.7—5.5	1.7—3.2	0.5—1.0

[1] Z. Ver. deutsch. Ing. 1907, S. 613ff.
[2] Nach Allner (Journ. f. Gasb. — Wasserv. 1911, S. 1027).
[3] Nach Constam & Schläpfer, Z. Ver. deutsch. Ing. 1913, Nr. 38ff.

Chemische und physikalische Konstanten. Auch die elementare Zusammensetzung des Teers steht mit seiner relativen Schwerverbrennlichkeit im engsten Zusammenhang. Sie unterscheidet sich nämlich von derjenigen des Erdöls durch bedeutend geringeren Gehalt an Wasserstoff. Dieser Unterschied ist typisch für Steinkohlenteer und seine Destillationsprodukte und kann dazu dienen, einen größeren Zusatz von Steinkohlenteerprodukten zu Erdöl nachzuweisen.

Als mittlere Zusammensetzung von Steinkohlenteer kann man an Hand der Tabelle 9 auf der vorhergehenden Seite

$$C = 92.4, \; H = 4.5, \; O + N = 2.5, \; S = 0.35\%$$

annehmen und daraus den **theoretischen Luftbedarf** mit 9,3 cbm pro 1 kg Teer berechnen. Der **untere Heizwert** von Gasteer beträgt 8150—8350 WE/kg.

Von größter Wichtigkeit für die Verwendung des Teers als Brennstoff ist seine **Zähflüssigkeit** bzw. die Veränderung derselben bei steigender Temperatur. Allner[1]), welcher anläßlich umfassender Versuche an einer Körtingschen Teerfeuerung dieser Frage besondere Aufmerksamkeit zugewendet hat, gibt die Viskositäten verschiedener Horizontalofenteere wie folgt an:

Tabelle 10.

Bezeichnung	Viskosität (Englergrade) bei					
	20° C	50° C	70° C	75° C	80° C	100° C
Horizontalofenteer aus engl. Kohle	114.4	16	7.2	—	—	—
do.　　　　do.	550.0	51	23.0	—	18.9	—
do.　　　　do.	—	—	—	—	—	132
do.　aus Saarkohle.	—	138	—	24.6	—	8.3
do.　aus Ruhrkohle	—	—	—	43.1	—	—
do.　aus schlesischer Kohle . . .	—	—	—	19.4	—	—
			60° C			
do.　　　　do.	37.67	4.37	3.29	—	—	—

Der große Unterschied der einzelnen Teersorten in bezug auf Zähflüssigkeit geht aus dieser Aufstellung deutlich hervor, so daß es ratsam erscheint, wenn die Verfeuerung einer bestimmten Teersorte beabsichtigt ist, vorher durch Feststellung der Viskositätskurve die beste Vorwärmung für den betreffenden Teer zu ermitteln. Nach den bei oben erwähnten Versuchen gemachten

---

[1]) Journ. f. Gasb. — Wasserv. 1911, S. 1027, und 1909, S. 490.

Erfahrungen hatte die auf ca. 3 Englergrade getriebene Vorwärmung den besten Erfolg. Zu wesentlich günstigeren Resultaten betreffend die Viskosität von Horizontalofenteer gelangen Constam & Schläpfer (l. c.). Die von ihnen geprüften Horizontalofenteere haben bereits bei 75° C eine Viskosität von 6 Englergraden und darunter.

Ohne entsprechende Vorwärmung macht Horizontalofenteer sowohl beim Durchfließen der Rohrleitungen als auch beim Zerstäuben in der Düse große Schwierigkeiten. Bei zu niedriger Erwärmung stockt der Teer leicht in der Rohrleitung und wird beim Zerstäuben nicht fein genug zerrissen, so daß eine rauchfreie Verbrennung nicht zu erzielen ist. Bei zu hoher Vorwärmung tritt wegen des Gehalts an leichtsiedenden Körpern bereits teilweise Verdampfung in der Rohrleitung ein, die zu unruhigem Brennen der Flamme mit explosionsartigen Erscheinungen führt.

Dieser Fall kann auch eintreten, wenn der Teer einen hohen Wassergehalt hat. Wie oben erwähnt, wird der Teer zugleich mit dem Ammoniakwasser kondensiert und mit diesem zusammen in eine Sammelgrube abgeleitet. Dort trennen sich beide Flüssigkeiten infolge ihres verschiedenen spezifischen Gewichts, aber diese Trennung ist keineswegs eine vollkommene. Der Teer hält noch beträchtliche Wassermengen infolge seiner Zähflüssigkeit fest, die nur durch längeres Absitzenlassen besonders in der Wärme oder durch Zentrifugieren des vorgewärmten Teers größtenteils beseitigt werden können. Je höher der Gehalt an freiem Kohlenstoff, desto schwieriger ist die Entfernung des Wassers[1]). Bei 10 von Allner untersuchten Teeren schwankte der Wassergehalt zwischen 2.6 und 11%. Man kann bei normalem Gasteer einen durchschnittlichen Gehalt von 5% Wasser annehmen, welcher Gehalt in der Regel auch den Lieferungsverträgen zugrunde gelegt wird. In Ausnahmefällen wurde ein Wassergehalt bis zu 33% beobachtet[2]).

Der Gehalt an Ammoniakwasser ist es auch, der dem Rohteer seine alkalische Reaktion erteilt.

Der Entflammungspunkt des Horizontalofenteers liegt in der Regel zwischen 65 und 100° C.

Die Ausbeute an Gasteer beträgt 3.5—6% der vergasten Kohle und wurde für 1911 auf 375 000 tons für Deutschland geschätzt.

---

[1]) Muspratt, Enzyklop. Handb. d. techn. Chemie, 4. Aufl., 8 Bd., S. 10.
[2]) Möllers (Journ. f. Gasb. u. Wasserv. 1910, S. 131).

3. Vertikalofenteer.

Einen wesentlichen Fortschritt gegenüber den vorher erwähnten Retortenformen stellt die von Dr. Bueb im Verein mit der Deutschen Continental-Gas-Gesellschaft erfundene Vertikalretorte dar. Dieser Fortschritt erstreckt sich sowohl auf die Technik der Leuchtgaserzeugung als auch auf die Qualität des als Nebenprodukt fallenden Teers.

Gewinnung. Die Vertikalretorte ist eine senkrecht stehende, 4—5 m lange Schamotteröhre von (＿) - Querschnitt und einem Fas-

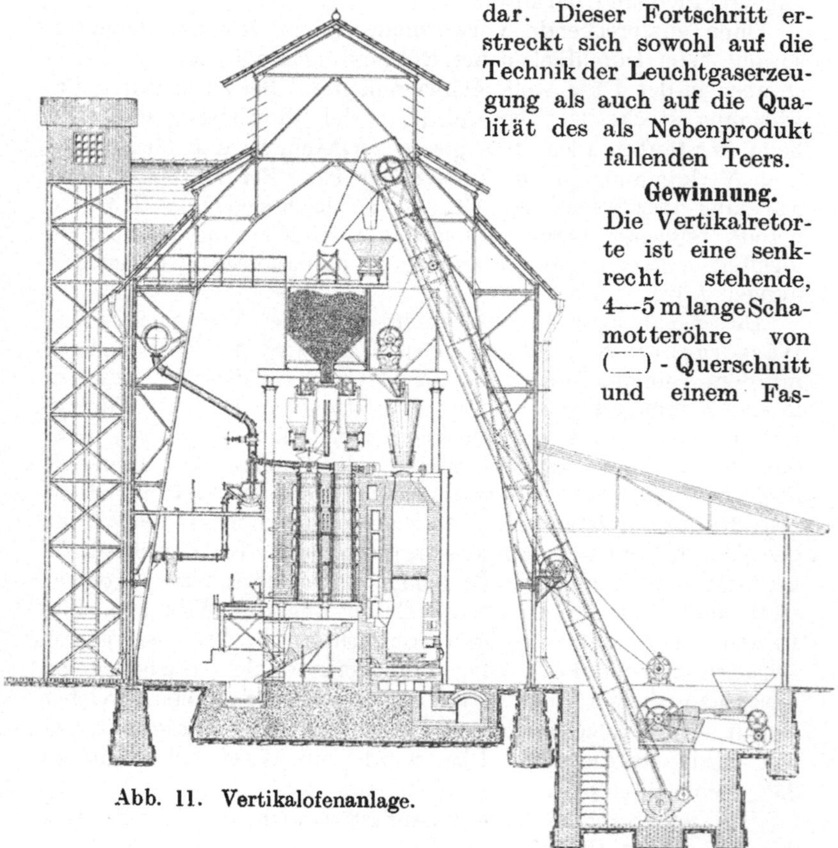

Abb. 11. Vertikalofenanlage.

sungsraum von ca. 600 kg Kohle. Die Retorten stehen in Öfen zu 8, 10 oder mehr Stück zusammen und sind im allgemeinen in zwei Reihen nebeneinander angeordnet. Die Beheizung der Retorten wird durch seitlich angebaute Generatoren bewirkt. Beschickung erfolgt von oben, Abzug des ausgegarten Koks nach unten (siehe Abb. 11).

In bezug auf die Qualität des erzeugten Teers hat die senkrechte Bauart vor der horizontalen folgende Vorzüge:

Die aus der Kohle entweichenden Destillationsgase erleiden keine Überhitzung durch die heiße Retortenwandung, weil sie bei der Vertikalretorte in der Mitte im kühlen Kohlenkern hochsteigen, während sie bei der Horizontalretorte in dem von Kohle freigelassenen oberen Teil der Retorte mit der glühenden Retortenwand in Berührung kommen. Die Folge davon ist, daß die Zersetzung der Kohlenwasserstoffe in der Vertikalretorte auf ein Minimum beschränkt ist, so daß freier Kohlenstoff und Naphthalin nur in geringen Mengen gebildet werden. Natürlich steigt der Gehalt an wertvollen Ölen entsprechend.

Vorzüge der senkrechten Retorte in gastechnischer Hinsicht sind Verringerung der Handarbeit, lange Garungsdauer und Raumersparnis.

Die Zusammensetzung des Vertikalofenteers nach der fraktionierten Destillation ergibt sich aus folgender Tabelle 11:

Tabelle 11.

Bezeichnung	Leicht-öl %	Mittel-öl %	Schwer-öl %	Anthra-zenöl %	Pech %	Wasser %
Vertikalofenteer Nr. 1 . . .	3.4	13.9	15.8	29.6	35.7	1.6
do. Nr. 2 . . .	2.6	13.9	12.9	32.4	37.1	1.1
do. Nr. 3 . . .	3.3	18.9	16.0	28.2	32.1	1.5
do. Nr. 4 . . .	5.85	12.32	11.95	15.96	49.75	2.17
do. Nr. 5 . . .	3.85	12.4	14.5	25.2	42.4	1.65
do. Nr. 6 . . .	3.0	15.1	17.5	24.6	37.9	1.9
do. Nr. 7 . . .	4.0	20.8	12.1	24.0	35.3	3.8
do. Nr. 8 . . .	3.1	20.6	13.1	27.5	33.2	2.5
do. Nr. 9 . . .	1.7	13.8	11.42	—	—	2.0
do. Nr. 10 . . .	3.52	14.52	8.45	—	—	2.5
do. Nr. 11 . . .	2.45	19.4	10.29	—	—	1.75
do. Nr. 12 . . .	4.6	19.25	13.23	—	—	0.9

Bemerkenswert ist der höhere Gehalt an Ölen und der geringere Pechgehalt. Auch Wasser ist nur in geringen Mengen vorhanden, entsprechend dem niedrigen Kohlenstoffgehalt, der 2—4% beträgt. Der Wassergehalt überschreitet im allgemeinen 4% nicht.

Wie bereits oben erwähnt, ist auch der Naphthalingehalt des Vertikalofenteers geringer, weil die Überhitzung der Dämpfe an der Retortenwandung wegfällt. Von Allner[1]) wurde der Naphthalingehalt von Vertikalofenteer englischer Kohle nach der von Spilker (siehe Anhang) angegebenen Methode zu 0.68% bestimmt.

---

[1]) Journ. f. Gasb. — Wasserv. 1911, S. 1027.

Entsprechend dem niedrigen Gehalt an Pech, Naphthalin und Kohlenstoff ist der Vertikalofenteer ziemlich dünnflüssig. Die Zähflüssigkeit von Vertikalofenteer verschiedener Herkunft ist nach Allner:

Vertikalofenteer aus	Viskosität (Englergrade) bei ^{0} C			
	20	50	70	80
Englischer Kohle	39.3	3.9	2.2	1.7
do.	75.5	4.5	2.2	—
do.	7.8	2.5	1.5	—
Westfälischer Kohle	10.1	2.1	1.4	—
Oberschlesischer Kohle	6.9	1.8	1.3	—
do.	12.6	2.0	—	1.4
do.	29.11	2.96	2.12	—

Charakteristisch für diese Zahlen ist, daß sie bei höherer Temperatur fast gleiche Werte erreichen, was bei den Horizontalofenteeren (wie Tabelle 10 zeigt) durchaus nicht immer der Fall ist.

Der Entflammungspunkt liegt entsprechend dem höheren Gehalt an Ölen niedriger wie beim Horizontalofenteer, und zwar zwischen 40 und 70° C. Das spez. Gewicht schwankt je nach Art der vergasten Kohle zwischen 1.09 und 1.18.

Die elementare Zusammensetzung gleicht im wesentlichen derjenigen des gewöhnlichen Gasteers, weist aber einen höheren Wasserstoffgehalt auf, wegen des geringen Gehalts an freiem Kohlenstoff. Die Untersuchung eines Vertikalofenteers aus schlesischer Kohle ergab:

$$\text{Kohlenstoff} \dots\dots\dots\dots 89.45\%$$
$$\text{Wasserstoff} \dots\dots\dots\dots 6.59\%$$
$$\text{Sauerstoff-Stickstoff-Schwefel} \dots 3.96\%$$

Dieser Teer erfordert zur vollständigen Verbrennung eine theoretische Luftmenge von 9,42 cbm. Sein kalorimetrisch bestimmter unterer Heizwert betrug 8750 WE. Der Schwefelgehalt kann wie beim Horizontalofenteer zu 0.5% im Mittel angenommen werden.

Produktion. Die Ausbeute beträgt 4—5.6 kg pro 100 kg vergaster Kohle.

4. Kammerofenteer.

Gewinnung. Eine Ofenkonstruktion, welche die Vergasung von Kohle in großen Einheiten zur Leuchtgaserzeugung durchführen will, ist der von Ries in München zuerst eingeführte

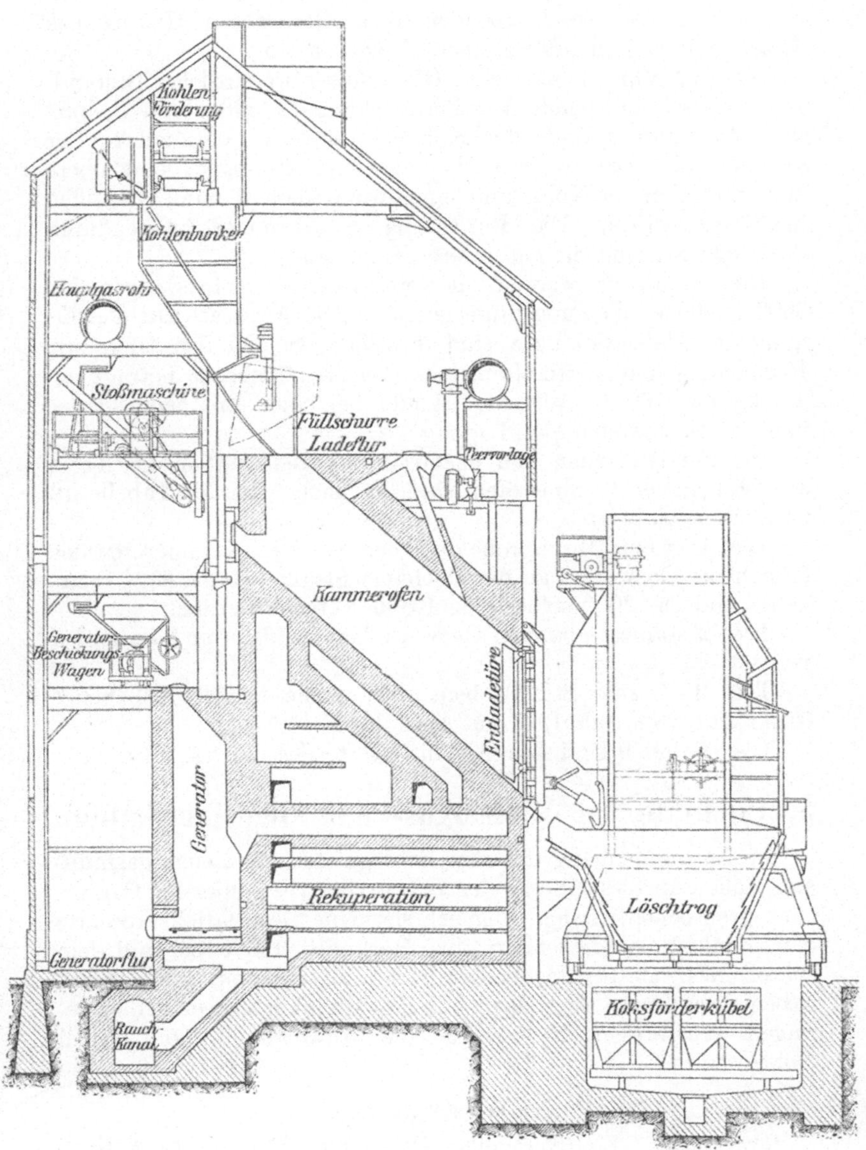

Abb. 12. Kammerofenanlage.

Münchener Kammerofen. Er lehnt sich in seiner Bauart an die später noch zu beschreibenden Koksöfen, deren Hauptzweck Erzeugung von metallurgischem Koks ist, an.

Abb. 12 führt einen solchen Ofen, dessen wesentlicher Bestandteil eine schrägliegende Destillationskammer bildet, im Schnitt vor. Das untere Ende der Kammer ist durch eine starke Tür verschlossen. Das obere Ende hat zwei Öffnungen, eine obere zum Einfüllen der Kohle und eine untere kleinere zum Ausstoßen des Kokskuchens. Die Entleerung der Kammer findet durch die große Kammertür am unteren Ende statt.

Die Kammern werden in verschiedenen Abmessungen für 3000—7000 kg Fassungsraum gebaut. Die Apparate zur Gewinnung der Nebenprodukte sind dieselben wie bei den Öfen mit Horizontal- und Vertikalretorten. Die Teerausbeute beträgt ca. 4.5 kg pro 100 kg vergaster Kohle bei einer Entgasungsdauer von ca. 24 Stunden pro Ladung.

Die physikalischen und chemischen Eigenschaften des Teers aus Münchener Kammeröfen sind in nachstehender Tabelle 12 zusammengefaßt[1]):

Teer 1 ist eine Mischprobe des Teers von den Kammeröfen des Münchener Gaswerkes an der Dachauer Straße, wo ca. 80% Saarkohle und ca. 20% schlesische Kohle vergast werden.

Teer 2 stammt aus dem Gaswerk Hanau, das nur Saarkohlen vergast.

Teer 3—7 sind Stichproben, entnommen in der Münchener Gasanstalt vom Juli 1910 bis April 1912.

Teer 8 und 9 sind Durchschnittswerte des Jahres 1910.

5. Produkte der Wassergas- und Ölgasfabrikation.

Im Zusammenhang mit den Erzeugnissen der Leuchtgasindustrie sollen an dieser Stelle der Wassergasteer und der Ölgasteer besprochen werden, obgleich sie keine Destillationsprodukte der Steinkohle sind, sondern ihre Herkunft vom Gasöl und dem später noch zu besprechenden Paraffinöl ableiten. Gemeinsam haben diese Teere aber doch mit den Steinkohlenteeren den geringen Wasserstoffgehalt sowie die Anwesenheit von freiem Kohlenstoff.

a) Wassergasteer.

Gewinnung. Ein wertvolles Hilfsmittel für die Leuchtgasfabrikation ist die Erzeugung von Wassergas und speziell von

---

[1]) Privatmitteilung v. Dir. Ries, München.

Tabelle 12.

Kammerofenteer Nr.	1	2	3	4	5	6	7	8	9
Aussehen	braunschwarz und leichtflüssig								
Spez. Gewicht	1.082	1.089	1.09	1.080	1.093	1.054	1.102	1.092	1.088
Flammpunkt im offenen Tiegel	50°	58°	—	—	—	—	—	—	—
Brennpunkt im offenen Tiegel	85°	89°	—	—	—	—	—	—	—
Wassergehalt	1.30%	1.62%	—	—	—	—	—	2.15%	3.83%
Unterer Heizwert	8737 WE	8761 WE	—	—	—	—	—	—	—
Unterer Heizwert des wasserfreien Teers	8858 WE	8903 WE	—	—	—	—	—	—	—
Verhalten in der Kälte bei 0°	dickflüssig	flüssig	—	—	—	—	—	—	—
Verhalten in der Kälte bei —15°	schwerflüssig	strengflüssig	—	—	—	—	—	—	—
Siedeanalyse:									
Wasser	—	—	3.0	1.98	2.14	3.70	4.5	—	—
Leichtöl bis 170°	5.0	3.0	7.0	3.84	3.80	3.85	5.0	5.9	5.47
Mittelöl 170°—230°	22.0	21.0	19.4	20.5	16.7	20.7	20.3	—	—
Schweröl 230°—270°	10.5	12.5	11.0	10.5	12.1	10.5	10.7	—	—
Anthrazenöl 270—350°	22.0	22.0	19.8	19.8	16.7	19.5	21.5	—	—
Pech	40.5	41.5	38.0	40.4	40.0	38.0	35.5	—	—
Elementaranalyse des wasserfreien Teers:									
Kohlenstoff	88.2%	89.3%	—	—	—	—	—	—	—
Wasserstoff	6.9%	6.7%	—	—	—	—	—	—	—
Sauerstoff und Stickstoff	4.6%	3.6%	—	—	—	—	—	—	—
Schwefel	0.3%	0.4%	—	—	—	—	—	—	—
Freier Kohlenstoff	3.0%	2.3%	6.34	5.78	2.51	3.5	4.58	5.31	3.46%
Zähflüssigkeit } bei 20°C	—	—	5.77	18.85	10.49	12.30	11.54	—	—
(Englergrade) } bei 50°C	—	—	1.87	2.35	2.19	2.25	2.23	—	—

heißkarburiertem oder Leuchtwassergas. Sie gestattet, mit Hilfe des bei der Retortenvergasung fallenden Koks schnell ein Gas zu erzeugen, das annähernd denselben Heizwert wie das Retorten-

leuchtgas hat und diesem in größeren Mengen beigemischt werden
kann.

Der Leuchtgasfabrikant ist daher mit Hilfe dieses Verfahrens
jederzeit in der Lage, eine plötzlich auftretende größere Gasentnahme auszugleichen bzw. wenn die Umstände es erfordern,
dauernd einen Teil des Leuchtgases auf diese Weise zu erzeugen.

Die Leuchtwassergasfabrikation lehnt sich eng an das bekannte Wassergasverfahren an.

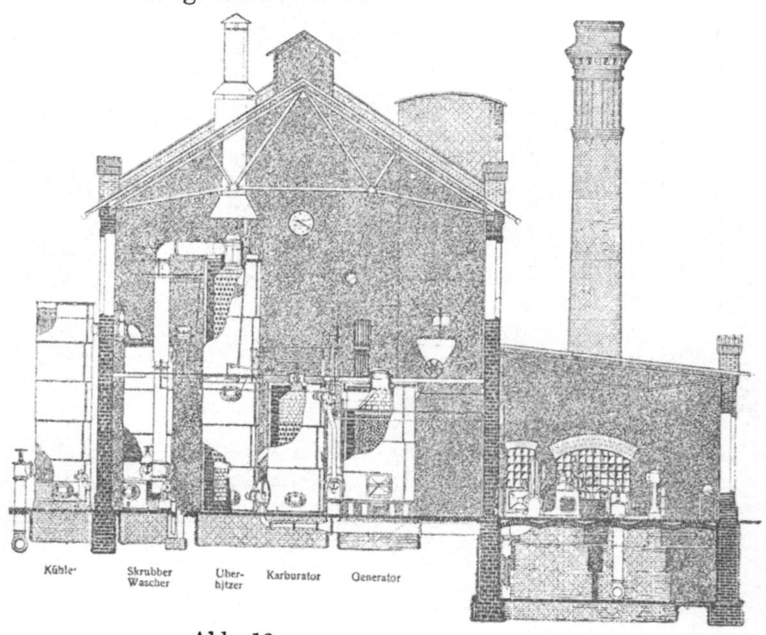

Abb. 13.

Das im Generator aus Koks und Wasserdampf erzeugte, nicht
leuchtende, sogenannte Blauwassergas, wird durch eine Apparatur
geleitet, in welcher ihm, zur Erhöhung seines Heizwertes und seiner
Leuchtkraft, gasförmige Kohlenwasserstoffe zugeführt werden.

Diese Apparatur besteht bei dem zur Zeit gebräuchlichsten
Verfahren nach Humphreys und Glasgow (Abb. 13) aus einem
Verdampfer (Karburator) und einem Überhitzer.

In den Verdampfer wird Öl eingespritzt, das in dem heißen
Gasstrom verdampft und mit dem Gase zusammen in den Überhitzer eintritt. Verdampfer und Überhitzer werden durch das
beim Heißblasen entstehende Kohlenoxydgas beheizt. Der Überhitzer wird auf einer Temperatur von 600 bis 850° gehalten.

Bei dieser Temperatur zersetzt sich der Öldampf in gasförmige Kohlenwasserstoffe, Wasserstoff und Kohlenoxyd unter Abscheidung von Kohlenstoff und Teer. Das so mit wertvollen Leuchtgasen angereicherte Wassergas passiert dann noch verschiedene Waschvorrichtungen, in denen der Teer abgeschieden wird, und wird dann direkt dem Retortengas beigemischt.

Als ein geeignetes Karburieröl hat sich besonders das bereits früher besprochene Gasöl erwiesen, weil es die höchste Ausbeute an gasförmigen Kohlenwasserstoffen bei der pyrogenen Zersetzung gibt. Neben geringen Mengen von Braunkohlenteerölen, die ebenfalls für diesen Zweck geeignet sind, wird daher vorzugsweise das Gasöl zur Wassergasbereitung verwendet. Vor dem Kriege konnte Gasöl für die Wassergasbereitung zum ermäßigten Zollsatz von 3.60 M. pro 100 kg eingeführt werden. Während des Krieges ist wegen Mangels an Ölen die Herstellung von karburiertem Wassergas ganz eingestellt worden. An seiner Stelle setzt man nicht karburiertes Blauwassergas dem Leuchtgase zu, wodurch natürlich der Heizwert und die Leuchtkraft des Leuchtgases erheblich herabgesetzt werden.

Die Menge des erzeugten Teers richtet sich nach der Sorgfalt, mit der die Überhitzertemperatur geregelt wird. Sinkt die Temperatur unter den für die Zersetzung einer bestimmten Gasölsorte günstigsten Grad, so geht unzersetztes Öl mit in den Teer über; wird sie höher, so bildet sich zuviel Ruß.

Zusammensetzung. Diese Umstände bedingen eine ungleichmäßige Zusammensetzung der Wassergasteere verschiedenen Ursprungs. Auf jeden Fall ist aber der Wassergasteer schon wegen der Herkunft seines Ausgangsmaterials reicher an Kohlenwasserstoffen der Paraffinreihe als Steinkohlenteer. Für seine Verwendung als flüssiges Brennmaterial ist diese Eigenschaft nur günstig, während sie für die Teerdestillation Nachteile hat.

Eine von Methews & Goulden ausgeführte Untersuchung von aus russischem Öl gewonnenem Gasteer ergab folgende Werte:

Benzol	1.19%
Toluol	3.83%
Leichte Paraffine	8.51%
Solvent-Naphtha	17.96%
Phenole	Spur
Mittelöl	29.44%
Kreosotöl	24.26%
Naphthalin	1.28%
Anthrazen	0.93%
Koks	9.80%

Die Destillation verschiedener Wassergasteere ergab:

Tabelle 13.

Wassergasteer	Nr. 1	Nr. 2	Nr. 3	Nr. 4	Nr. 5[1]	
Wasser . . . . %	1.5	1.0	—	—	0.00—36.65	
Leichtöl . . . . . . %	3.5	6.5	—	1.39	1.0—12.0	umger. auf wasserfr. Subst.
Mittelöl . . . . . . %	30.5	9.0	5.8	15.45	6.0—23.0	
Schweröl . . . . . %	20.0	18.5	9.16	—	11.2—24.5	
Anthrazenöl . . . . %	25.5	42.0	34.34	42.39	19.3—51.4	
Pech . . . . %	19.0	23.0	34.91	18.23	18.6—51.3	

Die Elementarzusammensetzung und der Heizwert gehen aus nachfolgenden beiden Analysen hervor:

Kohlenstoff	91.32%	90.62%
Wasserstoff	7.41%	7.08%
Sauerstoff-Stickstoff . .	1.27%	2.30%
Unterer Heizwert . . .	9085 WE.	9049 WE.

Der mittlere Luftbedarf berechnet sich daraus zu 9.9 cbm.

Der verhältnismäßig hohe Wasserstoffgehalt steht mit dem Gehalt an Kohlenwasserstoffen der Paraffinreihe im Einklang. Das spez. Gewicht des Wassergasteers schwankt zwischen 0.97 bis 1.13 und ist um so niedriger, je höher der Gehalt des Teers an unzersetzten Kohlenwasserstoffen.

Hiermit steht auch der wechselnde Wassergehalt in Beziehung. Da der Teer in den Reinigungsapparaten in innige Berührung mit Wasser kommt, so wird seine Trennung von diesem um so schwerer werden, je mehr sich das spez. Gewicht des Teeres der Zahl 1 nähert.

Gute Resultate mit der Entwässerung von Wassergasteer durch Zentrifugieren hat J. M. Müller[2] erzielt. Durch Erwärmen des zu behandelnden Teers auf eine bestimmte Temperatur konnte er leicht eine Verschiebung im spez. Gewicht und damit eine Trennung vom Wasser erzielen.

Der Teer ist dünn und von geringer Zähflüssigkeit, der Gehalt an freiem Kohlenstoff beträgt nur wenige Prozente. Sein Entflammungspunkt liegt je nach Qualität zwischen 30 und 100°.

Die **Produktion** von Wassergasteer konnte vor dem Kriege bei einer Ausbeute von 25—30% des angewandten Öles auf rund 14 000 tons geschätzt werden.

---

[1] Grenzwerte aus 15 Proben Wassergasteer, Constam & Schläpfer loc. cit.
[2] Journ. f. Gasb. u. Wasserv. 1912, Nr. 10.

b) Ölgasteer.

Gewinnung. Große Ähnlichkeit in bezug auf Ausgangsmaterial und Gewinnungsmethode hat der Ölgasteer mit dem Wassergasteer.

Ölgas, auch Fettgas genannt, wird in besonderen Gasanstalten, die in der Hauptsache eisenbahnfiskalischen Zwecken dienen,

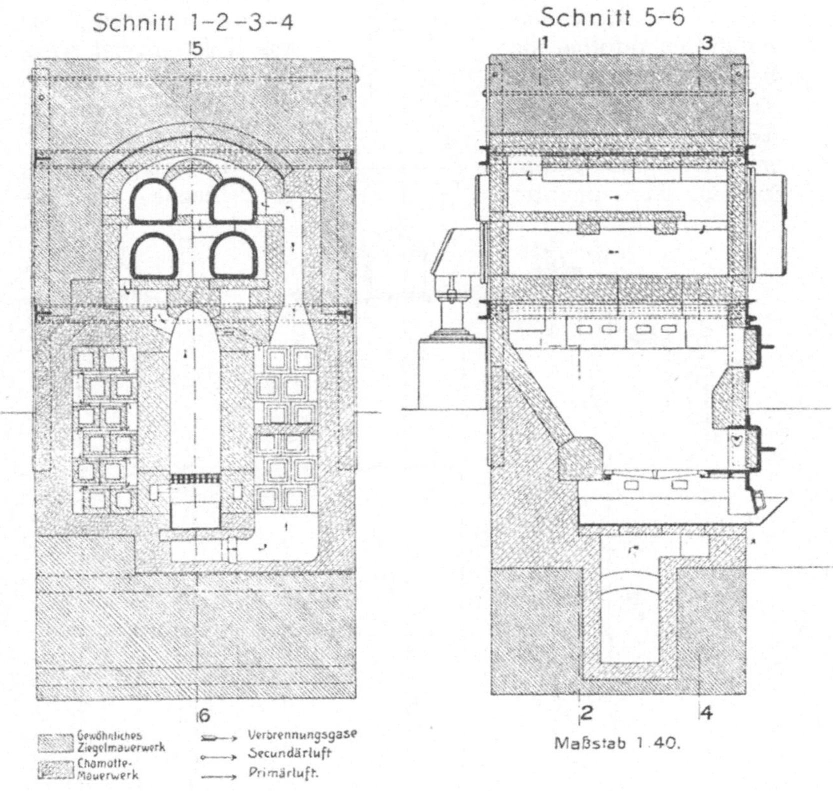

Abb. 14 a.   Abb. 14 b.

hergestellt. Das erzeugte Gas dient fast ausschließlich zur Beleuchtung von Eisenbahnwaggons und Seezeichen. Es wird durch Zersetzung von Destillaten des Braunkohlen- und Schieferteers gewonnen. Ebenso gut würden sich natürlich die Gasöle der Erdölindustrie dazu eignen, doch waren diese vor dem Kriege mit einem so hohen Einfuhrzoll belastet, daß ihre Verwendung für diesen Zweck nicht wirtschaftlich war.

Die chemischen Vorgänge sind bei der Ölgasfabrikation die-selben wie bei der Leuchtwassergaserzeugung; die Arbeitsweise ist etwas verschieden. Man unterscheidet in der Hauptsache Re-tortenofen- und Schacht-ofenvergasung.

Der Retortenofen (Abb. 14) hat viel Ähnlichkeit mit dem in der Leuchtgasindustrie gebräuchlichen Horizontalofen. Ein Ofen enthält in der Regel zwei eiserne Retorten, die durch Generatorgas, das aus Koks erzeugt wird, beheizt werden. Jede Retorte besteht aus zwei Teilen, einem oberen und einem unteren Teil, die durch ein Verbindungsstück miteinander im Zusammenhang stehen. Das Öl läuft ununterbrochen in die

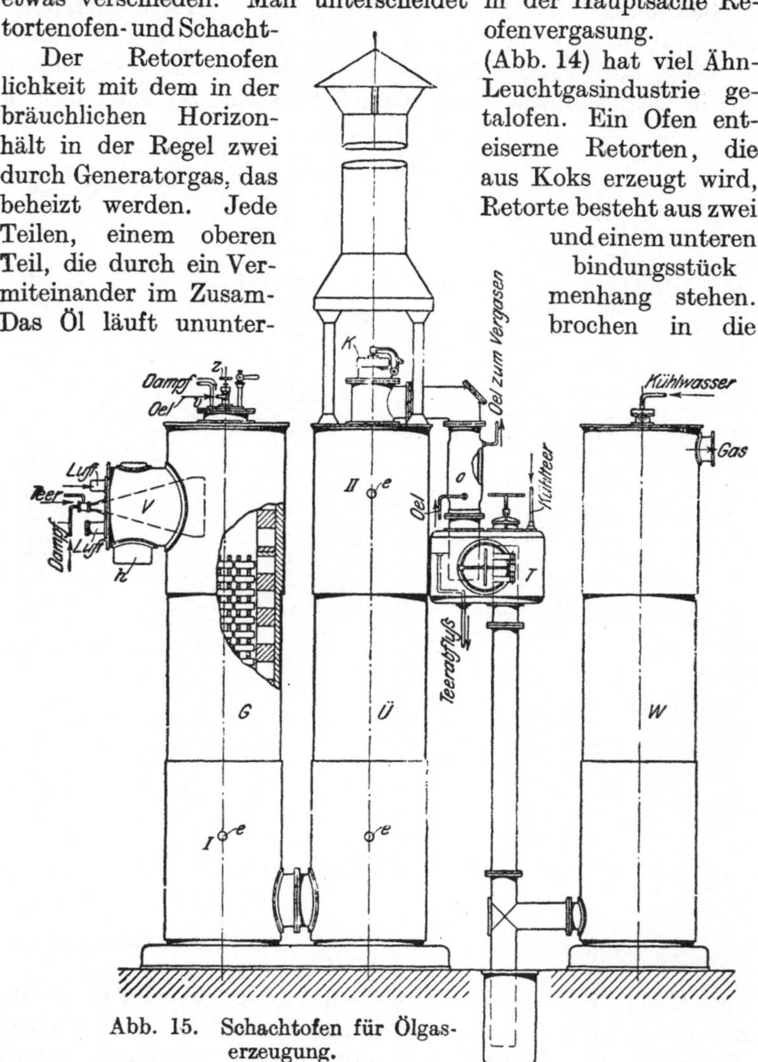

Abb. 15. Schachtofen für Ölgas-erzeugung.

obere Retortenhälfte ein und verdampft hier. Der Öldampf zieht durch das Verbindungsstück in die untere Hälfte und wird hier durch die darin herrschende Temperatur von 750—800° ver-gast, d. h. in gasförmige Kohlenwasserstoffe zersetzt. Als Nebenprodukt entsteht ein verhältnismäßig dünnflüssiger Teer, der sich größtenteils in der Teervorlage sammelt. Der Rest wird durch Kühler und Wäscher niedergeschlagen.

Die Ölvergasung im Schachtofen[1]) arbeitet mit unterbrochenem Betriebe. Die Apparatur hat große Ähnlichkeit mit dem Wassergasverfahren nach Humphreys & Glasgow und besteht aus einem Vergaser und einem Überhitzer, sowie den nötigen Reinigungsapparaten (siehe Abb. 15). Durch eine Dampfstrahlteerfeuerung werden Vergaser und Überhitzer auf die zur Zersetzung erforderliche Temperatur von 700—750° gebracht, dann die Feuerung abgestellt und Gasöl eingespritzt. Das Öl wird an den heißen Gittersteinen der Ausmauerung zersetzt. Das gebildete Ölgas tritt in die Kühl- und Waschapparate über. Ist die Temperatur so weit gefallen, daß die Zersetzung unvollkommen wird, so wird das noch in der Apparatur befindliche Gas durch Dampf verdrängt und dann die Teerfeuerung von neuem in Betrieb gesetzt. Diese Anordnung hat außer einer Raumersparnis den Vorteil, daß ein Teil des Teeres zur Beheizung des Schachtofens verwendet werden kann. Neuerdings sind auch Systeme[2]) in Aufnahme gekommen, bei welchen ein Teil des Öls verbrannt wird, um dadurch die Wärme zu erzeugen, welche nötig ist, um den Rest des Öls zu zersetzen.

Zusammensetzung. Je nach der Sorgfalt der Bedienung bzw. der Regulierung des einlaufenden Gasöls enthält der Teer mehr oder weniger unzersetztes Öl. Seine chemische Zusammensetzung kann also innerhalb weiter Grenzen schwanken, wie dies beim Wassergasteer des näheren erörtert wurde. Dasselbe ist vom Gehalt an freiem Kohlenstoff zu sagen. Während Kraemer & Spilker[3]) angeben, daß der Kohlenstoffgehalt 5% fast nie übersteigt und auch Constam & Schläpfer l. c. als Grenzwerte von drei untersuchten Proben 0.0—4.1% fanden, lagen dem Verfasser Teere mit 16—40% freiem Kohlenstoff vor. Der Naphthalingehalt beträgt 3—4%.

Entsprechend dem Kohlenstoffgehalt schwankt das spez. Gewicht zwischen 0.95—1.17. Auch der Wassergehalt des rohen Teers ändert sich innerhalb weiter Grenzen. Es wurden bis zu ca. 50% Wasser nachgewiesen[4]). Die Zähflüssigkeit bewegte sich bei drei untersuchten Teeren zwischen 5.3 und 50 Englergraden bei einer Temperatur von 20° C. Ähnlichen Schwankungen

---

[1]) Z. Ver. deutsch. Ing. 1909, S. 1485.
[2]) Gwosdz Braunkohle XI, 357 ff.
[3]) Muspratt, Encyclop. Handb. d. techn. Chemie VIII, S. 3.
[4]) Journal für Gasbel. u. Wasserv. 1912, Nr. 33, S. 815.

unterliegt der **Flammpunkt**, der bis unter Zimmertemperatur sinken kann.

Bei der fraktionierten **Destillation** wurden aus drei Ölgasteeren verschiedener Herkunft folgende Werte erhalten:

	Ölgasteer		
	Nr. 1	Nr. 2	Nr. 3
Leichtöl	18%	6%	16%
Mittelöl	10%	11%	11%
Schweröl.	14%	16%	10%
Anthrazenöl	10%	10%	60%
Pech	48%	57%	

Die **Elementaranalyse** eines Ölgasteeres mit 20% freiem Kohlenstoff ergab:

$$\begin{array}{ll}
\text{Kohlenstoff} \ldots \ldots \ldots \ldots & 91.16\% \\
\text{Wasserstoff} \ldots \ldots \ldots \ldots & 5.15\% \\
\text{Sauerstoff-Stickstoff} \ldots \ldots & 3.69\% \\
\text{Schwefel} \ldots \ldots \ldots \ldots & 0.75\%
\end{array}$$

Constam & Schläpfer l. c. geben als Grenzwerte von drei untersuchten Proben, deren Gehalt an freiem Kohlenstoff allerdings 4% nicht überstieg, an:

$$\begin{array}{ll}
\text{Kohlenstoff} \ldots \ldots \ldots \ldots & 91.4\text{—}92.2 \\
\text{Wasserstoff} \ldots \ldots \ldots \ldots & 6.3\text{— }7.2 \\
\text{Sauerstoff-Stickstoff} \ldots \ldots & 0.5\text{— }1.1 \\
\text{Schwefel} \ldots \ldots \ldots \ldots & 0.4\text{— }0.9
\end{array}$$

bezogen auf wasser- und aschefreie Substanz.

Daraus berechnet sich der theoretische **Luftbedarf** zu 9.4 cbm für 1 kg Ölgasteer. Der untere **Heizwert** kann bei entwässertem Teer im Mittel zu 9000 WE/kg angenommen werden.

Die **Produktion** konnte vor dem Kriege unter Annahme einer Teerausbeute von 25—30% des aufgewendeten Öles auf 3000 bis 4000 tons geschätzt werden. Während des Krieges wurde die Ölgasfabrikation wegen Mangels an Rohmaterialien ganz eingestellt. Die Beleuchtung der Eisenbahnwagen geschieht jetzt durch komprimiertes Leuchtgas.

c) Flüssige Kohlenwasserstoffe.

Gewinnung. Außer dem Ölgasteer fällt bei der Fabrikation von Ölgas noch ein zweites Nebenprodukt, das als Brennstoff Verwendung findet.

Um das Ölgas in eine für die Waggonbeleuchtung geeignete Form zu bringen, wird es auf ca. 10 Atmosphären verdichtet und in diesem Zustande in den bekannten, unter den Eisenbahnwagen liegenden Stahlblechbehältern aufgespeichert. Bei der Verdichtung scheidet sich aus dem Gase eine besondere Flüssigkeit ab, die unter dem Namen „Flüssige Kohlenwasserstoffe“ oder „Hydrokarbon“ bekannt ist. Aus 100 cbm Ölgas werden auf diese Weise 13—15 Liter flüssiger Kohlenwasserstoffe ausgeschieden, die nach vorheriger Reinigung durch Destillation als Motorbetriebsstoff benutzt werden können.

Durch die Destillation, die zweckmäßig erst nach längerer Lagerung des Rohmaterials vorgenommen wird, um den harzartigen Körpern Gelegenheit zur Polymerisation zu geben, wird das Rohprodukt von leicht verharzenden Körpern befreit, deren Anwesenheit im Motor große Schwierigkeiten bereiten würde.

Die **Verwertung** der flüssigen Kohlenwasserstoffe findet fast ausschließlich im Eisenbahnbetriebe als flüssiger Brennstoff in Motoren statt. Auch können diese Kohlenwasserstoffe an Stelle von Benzol zur kalten Karburation von Blauwassergas verwendet werden.

Ein Vorschlag, die rohen, flüssigen Kohlenwasserstoffe als Parfümiermittel dem Wassergas zuzusetzen, stammt von Reitmayer[1]). Ein Zusatz von 0.3 l pro 100 cbm Gas soll dem sonst geruchlosen Gas einen genügend starken Geruch erteilen, um dessen unbeabsichtigtes Ausströmen bemerkbar zu machen. In der Tat zeichnen sich die flüssigen Kohlenwasserstoffe durch einen durchdringenden, unangenehmen Geruch aus, so daß sie für obigen Zweck wohl geeignet erscheinen, nur soll die nicht genügende Flüchtigkeit der Kohlenwasserstoffe den Nachteil haben, daß sich Rückstände in den Rohrleitungen bilden[2]).

Ihre **Zusammensetzung** wurde von Bunte[3]) wie folgt festgestellt:

Benzol	70%
Toluol	15%
Höhere aromatische Homologe	5%
Homologe des Äthylens	10%

Die Kompression der Motoren kann daher wie beim Benzol auf 10 Atmosphären genommen werden.

Das spez. Gewicht der flüssigen Kohlenwasserstoffe liegt

---

[1]) Journ. f. Gasb. u. Wasserv. 1907, S. 318.
[2]) Frank, Elektrotechn. Zeitschr. 1913, Heft 12.
[3]) Journ. f. Gasb. u. Wasserv. 1893, S. 449.

zwischen 0.865—0.870, der **Entflammungspunkt** unter Zimmertemperatur. Bei der fraktionierten **Destillation** wurden folgende Werte gefunden:

Bezeichnung	Siede-beginn	Destillationsmengen in Vol.-% bis	
		100°	150°
Flüssiger Kohlenwasserstoff Nr. 1 . . .	70°	93	100
do. Nr. 2 . . .	57°	95	100
do. Nr. 3 . . .	64°	79	96

Elementaranalyse:

Kohlenstoff 88.59%
Wasserstoff 8.41%
Sauerstoff-Stickstoff 3.00%

Daraus berechnet sich der theoretische Luftbedarf zu 10 cbm für 1 kg flüssige Kohlenwasserstoffe. Der **untere Heizwert** wurde zu 8976 WE/kg ermittelt.

II. Koksofenteer.

Gewinnung. Die Kohlenvergasung in den Kokereien bezweckt die Erzeugung eines metallurgisch verwertbaren Koks. Diesem Hauptzweck wandte man früher so viel Aufmerksamkeit zu, daß man die Gewinnung von Nebenprodukten ganz vernachlässigte und das überschüssige Gas durch Kamine in die Luft abließ oder später unter Stochkesseln verbrannte.

Die Industrie der Nebenproduktengewinnung blickt noch nicht auf ein vollen Menschenleben zurück. Ihre Anfänge reichen in das Jahr 1881 zurück, wo in Bulmke die erste Kohlendestillation mit Nebenproduktengewinnung entstand. Vor dem Kriege waren in Deutschland nur noch wenige ältere Koksöfen, ca. 7—8%, ohne Nebenproduktengewinnung im Betriebe, da die guten finanziellen Erfolge zum Umbau anregten. Während des Krieges sind auch diese wegen der Wichtigkeit der Gewinnung von Nebenprodukten stillgelegt worden.

Das in den Kokereien zur Destillation gelangende Kohlenmaterial muß bestimmten Anforderungen genügen, um die Gewinnung eines einwandfreien Koks zu gewährleisten. In der Hauptsache wird sogenannte Kokskohle, eine fette Kohle mit 18—26% flüchtiger Bestandteile verkokt. Sie kommt aber nicht wie bei der Gasfabrikation als Stückkohle, sondern als gewaschenes

Kohlenklein, „Feinkohle", in den Koksofen. Diese Feinkohle wird bei der Aufbereitung der Kohle durch Klassierung und Wäsche in großen Mengen gewonnen.

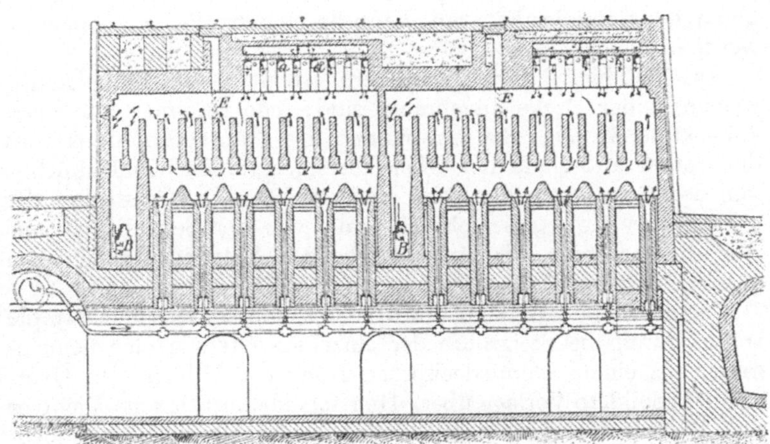

Abb. 16 und 17. Schnitt durch Otto-Hoffmann-Ofen
(aus Dammer, Chem. Technologie).

Die Qualität des erzeugten Koks ist von einer möglichst dichten Einlagerung der Kohle in die Destillationskammer abhängig, weshalb man ihr einen gewissen Wassergehalt, 14% und mehr läßt, oder eine Kohle mit geringerem Wassergehalt durch Stampfen zusammengepreßt (an der Saar und in Schlesien üblich). Das Stampfverfahren ermöglicht es auch, der eigentlichen Kokskohle, die als solche einen besonderen Wert hat, noch andere Kohlensorten beizumischen oder diese auch allein zu verkoken, ohne daß die metallurgischen Eigenschaften des Koks darunter leiden. Man kann mit Hilfe des Stampfverfahrens Kohle mit einem Gehalt an flüchtigen Bestandteilen von 15—35% noch mit Erfolg verkoken.

Die modernen Koksöfen mit Nebenproduktengewinnung bestehen aus luftdicht abschließbaren prismatischen Kammern aus feuerfestem Material von ca. 10 cbm Inhalt, deren Sohle und Seitenwände durch Gas beheizt werden. Diese Kammern sind bis zu 90 Stück zu Ofenbatterien vereinigt, derart, daß zwischen zwei aneinanderstoßenden Kammerwänden sich ein Heizkanal befindet. Die Beheizung erfolgt bei dem weit verbreiteten Otto-Hoffmannschen Unterfeuerungsofen (Abb. 16, 17) durch große Bunsenbrenner, welche in eine unterhalb der eigentlichen Destillationskammern angeordnete Heizkammer ragen. Die Brenner werden mit einem Teil des in den Kammern erzeugten Destillationsgases, nachdem es von den Nebenprodukten befreit ist, gespeist. Gas und Luftzufuhr der Bunsenbrenner lassen sich regulieren, der Gang der Feuerung kann durch Schaulöcher beobachtet werden.

Die Beschickung der Kammern erfolgt durch Füllschächte, welche in der Decke angebracht sind; jede Kammer faßt etwa 7.5—9 tons Kohle. Bei Anwendung des Stampfverfahrens wird der vorher außerhalb des Ofens fertiggestampfte Kohlenkuchen von der Seite her in den Ofen eingeschoben. Das Ausstoßen des ausgegasten Koks geschieht ebenfalls von der Seite durch eine Ausdrückmaschine, die längs der ganzen Batterie auf Schienen verschiebbar ist.

Die durch die Erhitzung der Kohle gebildeten Gase und Dämpfe treten durch die Steigrohre der einzelnen Öfen in eine gemeinsame, aus einem schmiedeeisernen Rohr von U-förmigem Querschnitt gebildete Vorlage über. Hier scheidet sich bereits Dickteer ab. Weitere Kondensationen finden in der sogenannten Nebenproduktenanlage statt.

Diese Anlage hat den Zweck, die wertvollen kondensierbaren Bestandteile des Gases — Teer, Benzol und Ammoniak — abzuscheiden.

Man unterscheidet Nebenproduktengewinnung nach dem indirekten und direkten Verfahren, je nach der Art der Gewinnung

des Ammoniaks. Beim indirekten Verfahren wird das Ammoniak
mit Wasser ausgewaschen, und das gewonnene Ammoniakwasser
später in einer besonderen Apparatur auf Ammonsulfat weiterverarbeitet, während
beim direkten Verfahren
das von Teer befreite
Gas zwecks Gewinnung
des Ammoniaks direkt
in Schwefelsäure einge-
leitet wird.

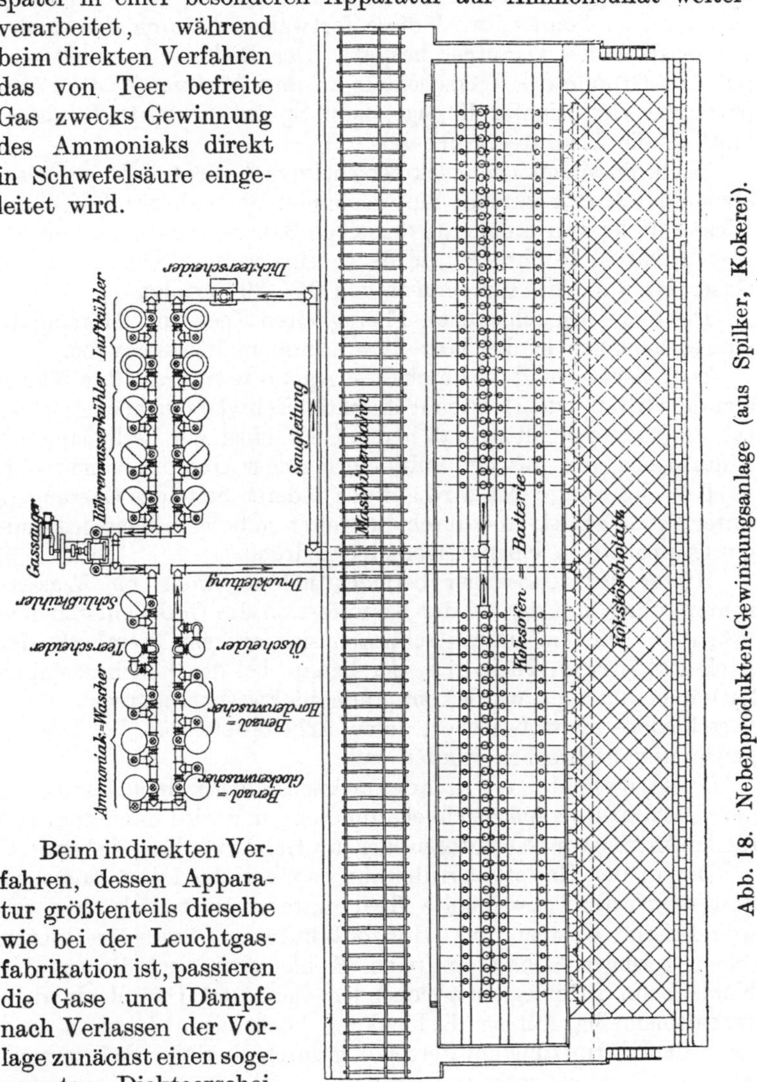

Abb. 18. Nebenprodukten-Gewinnungsanlage (aus Spilker, Kokerei).

Beim indirekten Ver-
fahren, dessen Appara-
tur größtenteils dieselbe
wie bei der Leuchtgas-
fabrikation ist, passieren
die Gase und Dämpfe
nach Verlassen der Vor-
lage zunächst einen soge-
nannten Dickteerschei-
der, eine Grube, in welcher aller in der Vorlage und im Gas-
ableitungsrohr niedergeschlagener Teer zusammenläuft. Auf
dem Wege zu diesem Teerscheider hat sich das Gas auf ca.

160° abgekühlt und dadurch die am leichtesten kondensierbaren Anteile, den sogenannten Dickteer, abgeschieden. Um diese sehr zähflüssigen Teerbestandteile ohne Stockung aus der Vorlage entfernen zu können, wird diese fortwährend durch den später kondensierenden Dünnteer bespült. Der Dickteer sammelt sich auf dem Grunde des Teerscheiders an und wird von Zeit zu Zeit entfernt. Der leichter flüssige, zum Spülen benutzte Dünnteer läuft in die Hauptteergrube ab.

Nach Passieren des Dickteerscheiders bewegt sich der Gasstrom durch eine Anzahl hintereinander geschalteter Luft- und Wasserkühler von annähernd derselben Bauart, wie bei der Leuchtgasfabrikation beschrieben, in denen eine weitere Abkühlung des Gases bis auf eine Temperatur von 17—30° erfolgt.

Die hier ausgeschiedenen Flüssigkeiten Teer und Ammoniakwasser gelangen in die Teer- bzw. Ammoniakwassergrube.

Zur Überwindung des durch diese Apparate verursachten Widerstandes ist hinter dem letzten Wasserkühler ein Gassauger eingeschaltet, der so eingestellt ist, daß in den Öfen selbst, zur Verhütung des Eindringens von falscher Luft, ein geringer Überdruck herrscht.

Das abgesaugte Gas wird auf der anderen Seite des Gassaugers unter Druck gesetzt und durch die weiter zu beschreibenden Reinigungsapparate in einen Gasometer gedrückt.

Hinter dem Gassauger befindet sich nochmals ein Wasserröhrenkühler, um die bei der Kompression des Gases entstehende Wärme zu binden. Daran schließen sich an: ein Teerabscheider nach Pelouze & Audouin, der bereits bei der Leuchtgasfabrikation beschrieben wurde, ein Ammoniakwascheraggregat, sowie verschiedene Benzolwascher, deren Arbeitsweise bei der Benzolgewinnung besprochen werden soll.

Das so gereinigte Gas tritt in den meisten Fällen in einen Gasometer, der gleichzeitig als Ausgleichbehälter dient, und wird dann zum Teil für den Antrieb von Gasmotoren oder zum Heizen von Kesseln benutzt.

Der in der Hauptteergrube aus den verschiedenen Ausscheidungsapparaten gesammelte Teer unterscheidet sich von gewöhnlichem Gasteer aus Horizontalretorten besonders durch seinen geringen Gehalt an freiem Kohlenstoff, weil die aus der Kohle beim Erhitzen entweichenden Gase und Dämpfe in dem verhältnismäßig kühlen Kohlenkern hochsteigen konnten und somit der Überhitzung und Zersetzung durch die glühende Kammerwand größtenteils entzogen wurden.

Zusammensetzung. Der Kohlenstoffgehalt des Kokereiteers überschreitet in der Regel 10—12% nicht, ziemlich häufig sind Koksteere mit einem Gehalt von 2—6% freiem Kohlenstoff.

Mit dem Kohlenstoffgehalt wächst auch der Gehalt des Teers an schwersiedenden Anteilen, die nach Erhitzung auf 320° zurückbleiben und die man mit dem freien Kohlenstoff zusammen als Pech bezeichnet. Auch deren Menge wächst mit dem Grade der Überhitzung der entweichenden Dämpfe durch die Ofenwandung, obgleich natürlich auch die Herkunft der Kohle dabei eine Rolle spielt.

Wright[1]) hat ein und dieselbe Kohlensorte einer Destillation bei steigenden Temperaturen unterworfen und dabei Teere erhalten, deren Zusammensetzung aus folgender Tabelle 14 hervorgeht. Sie zeigt deutlich das Anwachsen des Pechanteils bei höherer Destillationstemperatur.

Tabelle 14.

	I	II	III	IV	V
Spez. Gew. des Teeres	1.086	1.102	1.140	1.184	1.206
Wassergehalt	1.20	1.03	1.04	1.05	0.383
Rohnaphtha.	9.17	9.05	3.73	3.45	0.995
Leichtöl.	10.50	7.46	4.47	2.59	0.567
Kreosotöl	26.45	25.83	27.29	27.33	19.44
Anthrazenöl	20.32	15.57	18.13	13.77	12.28
Pech	28.89	36.80	41.80	47.67	64.08

Den Destillationsverlauf verschiedener Koksofenteere zeigt folgende Zusammenstellung:

Tabelle 15.

	Teer aus Saarkohle	Durchschnitt von Ruhrzechenteer[2])	Teer aus Semet-Solvay-öfen[3])	Teer aus Hoffmann-Otto-öfen[4])	Koksofenteer[5])				Koksofenteer[6]) Grenzwerte aus 12 Proben	
					1	2	3	4		
Spez. Gew. .	1.16	1.145—1.191	1.17	1.1198	—	—	—	—	1.140—1.182	berechnet auf wasser- u. aschefreie Substanz
Wasser . . .	2.0	2.69	2.3	Spur	6.6	3.20	3.40	3.70	0.59—6.67	
Leichtöl . .	1.5	1.38	3.7	6.5	2.30	0.8	4.10	3.20	0.0—0.0	
Mittelöl . .	7.0	3.46	9.8	10.5	10.20	5.00	10.70	10.50	1.0—17.0	
Schweröl . .	14.0	9.93	12.0	7.6	8.00	8.40	8.60	7.40	6.5—14.0	
Anthrazenöl	14.0	24.76	4.3	44.3	26.70	22.70	19.00	16.80	19.0—27.5	
Pech	60.0	56.44	67.0	30.5	45.19	58.60	55.40	57.20	50.0—65.0	
Verlust . .	1.5	1.34	0.9	0.4	0.28	1.30	1.60	0.20	—	

[1]) Journ. f. Gasb. u. Wasserv. 1888, S. 273.

[2]) Spilker, Kokerei und Teerprodukte S. 50.

[3]) Lunge-Köhler, „Industrie d. Steinkohlenteers", Braunschw. 1900, S. 109.

[4]) Lunge-Köhler, „Industrie d. Steinkohlenteers", Braunschw. 1900, S. 110.

[5]) Mallmann (Journ. f. Gasb. u. Wasserv. 1905, S. 826).

[6]) Constam und Schläpfer l. c.

Der **Wassergehalt** des Koksofenteers ist entsprechend seinem geringen Gehalt an freiem Kohlenstoff nicht so groß wie beim Gasteer. Einen Gehalt bis zu 5% kann man noch als normal ansehen.

Flammpunkt, Zähflüssigkeit, Elementaranalyse und **Heizwert** des Koksofenteers weichen nur in geringem Maße von den entsprechenden Werten des Gasteers ab. Die Abweichungen sind je nach Herkunft und der Art der Destillation verschieden. Constam & Schläpfer l. c. geben folgende Werte an:

Flammpunkt	90—135°
Kohlenstoff	89.3—93.0 ⎫
Wasserstoff	5.5— 9.2 ⎬ bezogen a. wasser- und asche- freie Substanz
Schwefel	0.4— 1.7 ⎭
Heizwert (Rohteer)	8270—8854 WE
Asche	0.04—0.36

Die **Produktion** von Koksofenteer hat im letzten Jahrzehnt so bedeutende Fortschritte gemacht, daß Deutschland zur Ausfuhr von Teer übergehen konnte, während es früher zur Deckung seines Bedarfs auf das Ausland und besonders auf England mit seiner hochentwickelten Gasindustrie angewiesen war.

Die Menge des in Deutschland erzeugten Koksofenteers betrug:

1897	53 000 t
1900	94 000 t
1904	277 000 t
1907	600 000 t
1908	625 000 t
1911	851 000 t
1912	900 000 t.

III. Die Verarbeitungsprodukte der Steinkohlenteere.

1. Allgemeiner Teil.

Mit der Weiterverarbeitung der Steinkohlenteere durch Destillation befassen sich zwei Industriezweige. Die Großdestillationen, die in der Regel den Kokereien angegliedert sind bzw. die Teerproduktion einer ganzen Reihe von Zechen übernehmen, und die Dachpappe- und Dachteerfabriken, welche hauptsächlich Teer der Gasanstalten destillieren.

Methoden der Verarbeitung. Die Apparate, mit welchen die Teerdestillationen durchgeführt werden, bestehen in der Regel aus einer Destillationsblase, in welcher der Teer so lange erhitzt wird, bis alle flüchtigen Bestandteile überdestilliert sind und nur noch das Pech zurückbleibt, einer Kühlvorrichtung, in welcher die übergetriebenen Dämpfe wieder kondensiert werden, sowie verschiedenen Behältern zum Auffangen der Destillate und des zurückbleibenden Pechs, das noch heiß aus der Retorte abgelassen wird.

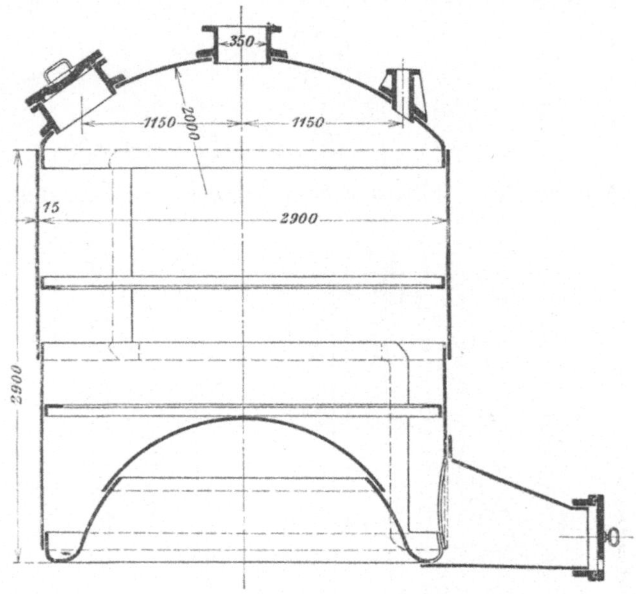

Abb. 19. Teerdestillationsblase (Chem. Ztg. 1910).

Naturgemäß zeigt diese prinzipielle Anordnung der Destillationsapparatur Abweichungen je nachdem, ob mit direktem Feuer oder mit Wasserdampf, ob unter gewöhnlichem oder vermindertem Druck, ob periodisch oder kontinuierlich, ob im Klein- oder Großbetriebe gearbeitet wird.

Es soll daher an dieser Stelle nur auf eine Konstruktion eingegangen werden, die sich im Großbetriebe und besonders für Kokereiteer gut bewährt hat. (Rispler, Ch.-Ztg. 1910, S. 261 ff.)

Die Form der stehenden Destillationsblase mit stark nach innen gewölbtem Boden gibt Abb. 19 wieder. Sie ist die in der Teerdestillation allgemein übliche. Die Blase ist oben durch ein Mann-

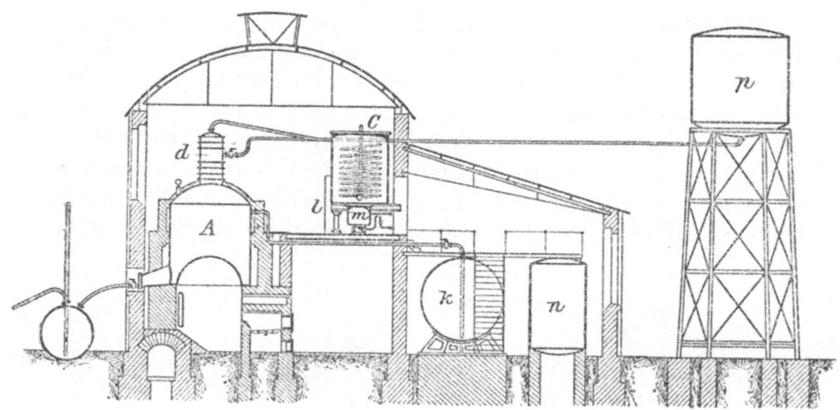

Abb. 20. Teerdestillationsanlage, Aufriß (Chem. Ztg. 1910).

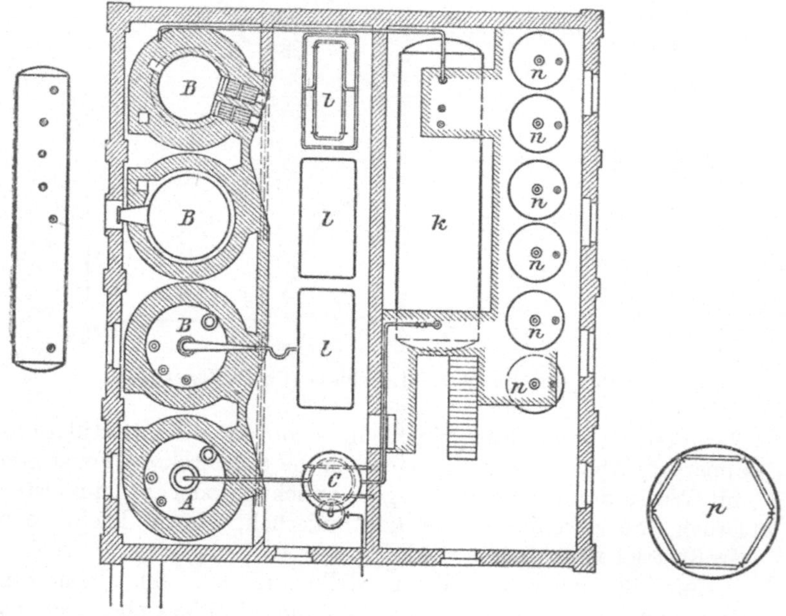

Abb. 21. Teerdestillationsanlage, Grundriß (Chem. Ztg. 1910).

loch und unten durch einen Ablaßstutzen, der gleichzeitig einen
Hahn zum Ablassen des Pechs trägt, von innen zugänglich. Der
Deckel der Blase trägt ferner einen Ansatz für den Destillations-

helm sowie mehrere Stutzen für ein Thermometer, für Zuführung des Teers, Zuführung von Druckluft und Wasserdampf, für ein Sicherheitsventil und einen Überlauf.

Die Anordnung der gesamten Destillationsanlage geben Abb. 20 und 21 in Aufriß und Grundriß wieder. Danach sind vier Retorten, deren Inhalt je 18 t beträgt zu einer Batterie vereinigt. Retorte A dient nur zur Entwässerung des Rohteers, die insofern ziemliche Schwierigkeiten bereitet, als besonders das Austreiben der letzten Wasserteilchen, die von den Phenolen und Basen chemisch gebunden sind, nur unter heftigem Stoßen und Siedeverzügen erfolgt.

Die vorliegende Konstruktion vermeidet dieses gefährliche Stoßen und Überschäumen ganz, indem immer nur aus geringen Teermengen das Wasser ausgetrieben wird. Zu diesem Zwecke ist auf Blase A, der Entwässerungsblase, eine gußeiserne Kolonne aufgesetzt, in deren mittleren Raum d der Rohteer durch einen Stutzen eintritt. Vom oberen Teile der Kolonne führt ein Rohr die Wasserdämpfe im Verein mit den leichtsiedenden Destillaten dem Kühler zu. Die Entwässerung des Teers findet auf dem kurzen Wege von d bis zur Blase statt, indem der über die eingebauten Platten herunterrieselnde Rohteer durch die von unten aufsteigenden Dämpfe so weit erhitzt wird, daß alles Wasser verdampft. Der auf diese Weise entwässerte Teer läuft durch eine im obersten Mantelschuß angebrachte Rohrleitung beständig dem Lagerkessel k zu. Dieser faßt die ganze Produktion der Entwässerungsblase, eine Menge, welche für eine einmalige Füllung der drei Schlußretorten ausreicht. In diese, die eigentlichen Destillationsretorten, wird der entwässerte Teer mittels Druckluft übergefüllt und innerhalb eines Arbeitstages unter hohem Vakuum bis auf Pech abdestilliert. Eine solche Anlage, bestehend aus einer Entwässerungs- und drei Schlußretorten ist imstande, jährlich 15 150 t Teer zu verarbeiten. Die Arbeitsweise bei dieser Anlage ist periodisch, d. h. sobald eine Blase bis auf Pech abdestilliert ist, was ca. 11 Stunden in Anspruch nimmt, wird das Feuer gelöscht und das Pech abgelassen. Eine Neufüllung der Retorte findet dann erst am anderen Morgen statt. Die Abkühlung der Retorten über Nacht ist nur unwesentlich.

Übersicht über die Verarbeitungsprodukte (siehe auch Schema S. 36). Die übergehenden Destillate fängt man zur weiteren Verarbeitung in 4 Fraktionen getrennt auf. Die Trennung erfolgt in der Regel nach dem spez. Gewicht, und zwar bezeichnet man als:

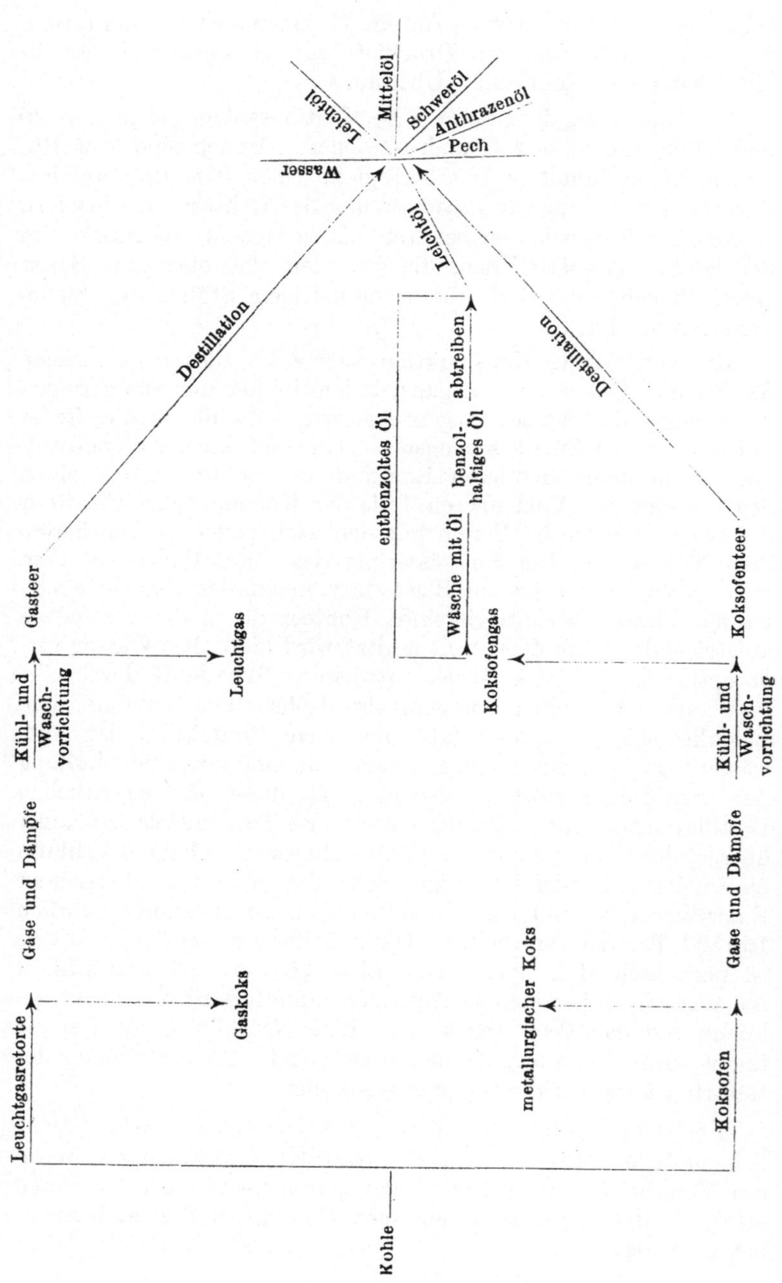
Leichtöl
Mittelöl
Schweröl
Anthrazenöl
Pech
Wasser
Leichtöl
Destillation
Destillation
entbenzoltes Öl
abtreiben
benzol-
haltiges Öl
Wäsche mit Öl
Gasteer
Koksofenteer
Leuchtgas
Koksofengas
Kühl- und
Wasch-
vorrichtung
Kühl- und
Wasch-
vorrichtung
Gase und Dämpfe
Gase und Dämpfe
Gaskoks
metallurgischer Koks
Leuchtgasretorte
Koksofen
Kohle

<pre>
                    Fraktion vom spez. Gewicht   Siedegrenze
  I. Leichtöl . . . . 0.910—950   bis 170°C
 II. Mittelöl . . . . . ca. 1.01   „ 230° C
III. Schweröl . . . . . „   1.04   „ 270° C
 IV. Anthrazenöl . . . „   1.1   „ 320° C
  V. Pech¹) . . . .   als Rückstand.
</pre>

Die weitere Verarbeitung dieser Fraktionen findet durch nochmalige Destillation, Abscheidung der in der Kälte festen Bestandteile wie Naphthalin und Anthrazen, und chemische Reinigung mittels Säuren und Alkalien statt.

In großen Zügen muß auf diesen Raffinationsprozeß hier eingegangen werden, weil die als flüssige Brennstoffe in den Handel gelangenden Produkte des Steinkohlenteers aus diesem Prozeß hervorgehen.

I. Das Leichtöl geht mit dem Wasser zusammen über und bildet eine gelbliche bis dunkelbraun gefärbte Flüssigkeit vom spez. Gewicht 0.910—0.950. Es besteht in der Hauptsache (ca. 65%) aus aromatischen Kohlenwasserstoffen, dem Benzol und dessen Homologen. Außerdem sind anwesend Phenole, Basen, Schwefelverbindungen, Olefine, Paraffine, zyklische Kohlenwasserstoffe und Naphthalin.

Das Leichtöl wird zunächst durch Destillation in drei Fraktionen getrennt:

<pre>
     Leichtbenzol bis zum spez. Gew. 0.89
     Schwerbenzol „   „   „   „   0.95
     Karbolöl   „   „   „   „   1.00
</pre>

Jede einzelne dieser Fraktionen wird dann durch wiederholte sorgfältige Destillation und dazwischen geschaltete Waschungen, mit Natronlauge, zur Entfernung der Phenole, und mit Schwefelsäure zur Beseitigung der Basen, gereinigt. Die Reihenfolge dieser Vorgänge und die dabei erhaltenen Zwischen- und Endprodukte sind von Spilker²) in nachstehender Tabelle 16 zusammengestellt worden:

II. Der charakteristische Bestandteil (ca. 40%) des Mittelöls ist das Naphthalin, das beim Abkühlen zum größten Teil aus dem Öl auskristallisiert. Man überläßt das rein destillierte Mittelöl welches eine schwach braune Farbe hat und nicht durch übergerissene Teerteilchen dunkelgefärbt sein darf, in eisernen Kästen ohne künstliche Kühlung der Kristallisation, die in 3—10 Tagen beendet

---

¹) Über die Verfeuerung von Pech in der Gasanstalt Zürich siehe Journ. für Gasbeleuchtung und Wasserversorgung 1916, S. 547.

²) Kokerei u. Teerprodukte d. Steinkohle, Halle 1909, S. 62.

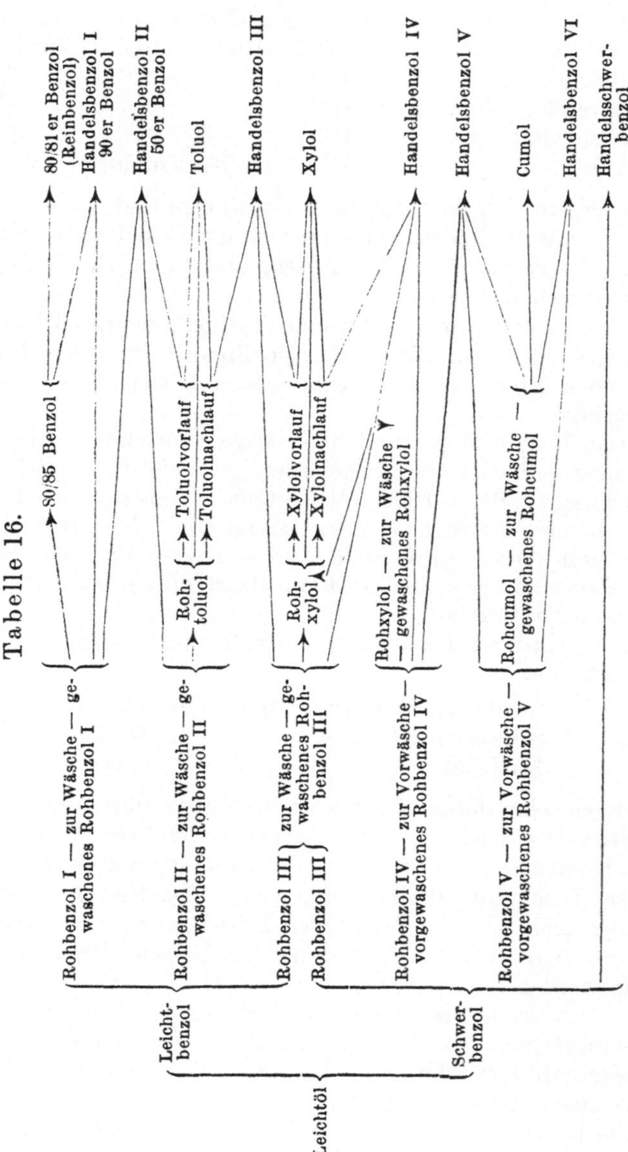

ist, und trennt die ausgeschiedenen Naphthalinkristalle durch
Abtropfenlassen von dem Öl. Dieses Öl enthält 25—35% Phenole
und 5% Basen, die mit den beim Leichtöl fallenden Produkten

derselben Art auf Karbolsäure bzw. Pyridinbasen weiterverarbeitet werden. Der Rest besteht aus indifferenten Kohlenwasserstoffen, die als flüssige Brennstoffe verwendet werden.

III. Das Schweröl ist bei gewöhnlicher Temperatur bereits teilweise erstarrt infolge seines Gehaltes an Naphthalin und damit verwandten kristallisierbaren Substanzen. Der Anteil dieser festen Substanzen beträgt ca. 20%. Man scheidet das Schweröl in der Regel ohne vorher die festen Bestandteile von den flüssigen zu trennen, durch fraktionierte Destillation in drei Gruppen: Karbolöl, das mit demjenigen des Leicht- und Mittelöls weiterverarbeitet wird, Naphthalinöl I, das beim Abkühlen fast reines Naphthalin liefert und Naphthalinöl II, das nach Abscheidung des auskristallisierten, unreinen Naphthalins ca. 60% Öl hinterläßt. Dieser flüssige Teil enthält ca. 25% saure Öle, die ihn als Desinfektionsmittel wertvoll machen. Er ergibt gemischt mit dem abgetropften Anthrazenöl das eigentliche Kreosotöl, das in besonderem Umfange zum Tränken der Eisenbahnschwellen dient.

IV. Der letzte und höchstsiedende Anteil ist das Anthrazenöl, dessen wichtigster Bestandteil das Anthrazen, ein bei gewöhnlicher Temperatur sich abscheidendes, grünliches Kristallpulver ist, welches ein wertvolles Ausgangsmaterial für die Farbenfabrikation bildet. Der Gehalt an Rohanthrazen im Anthrazenöl beträgt 6—10%. Das ablaufende Öl, welches einen Gehalt von 6% an sauren Ölen aufweist, wird, wie beim Schweröl erwähnt, zum Tränken von Eisenbahnschwellen verwendet.

V. Das restierende Pech wird zur Dachpappenfabrikation, zum Wasserdichtmachen von Ziegeln und in besonderem Umfange zur Fabrikation von Briketts aus Steinkohlenstaub benutzt.

Die aus den einzelnen Fraktionen stammenden flüssigen Brennstoffe sollen im nachstehenden näher besprochen werden.

2. Benzol.

Gewinnung. Außer bei der Verarbeitung des Leichtöls wird Benzol durch Auswaschen aus den Koksofengasen mittels geeigneter Teeröle, sogenannter Waschöle, gewonnen. Diese Waschvorrichtung schließt sich an die auf Seite 57 beschriebene Anlage zur Gewinnung von Teer und Ammoniak aus den Koksofengasen an.

Sie besteht in der Regel aus drei hintereinander geschalteten Hordenwäschern, die durch Waschöl berieselt werden. Das Öl absorbiert aus dem Gase das in diesem dampfförmig enthaltene Benzol und seine Homologen. Abb. 22 zeigt eine solche Anlage.

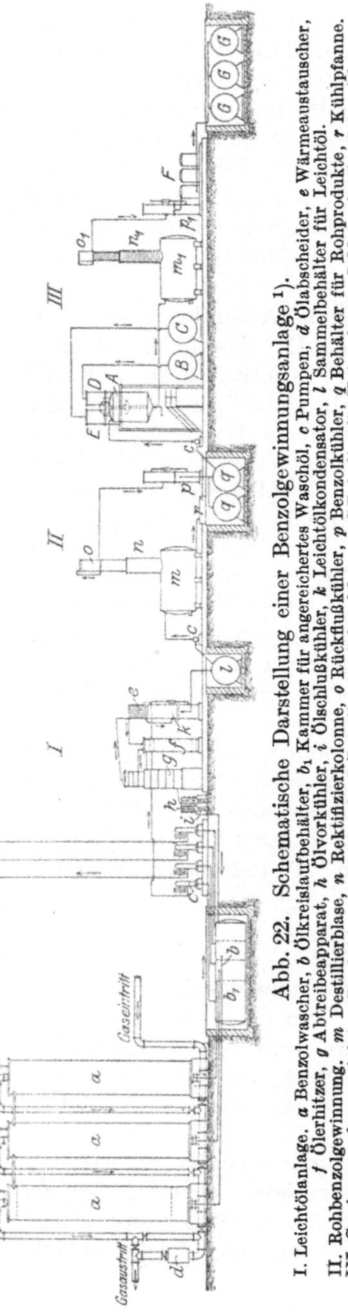

Abb. 22. Schematische Darstellung einer Benzolgewinnungsanlage[1].

I. Leichtölanlage. *a* Benzolwascher, *b* Ölkreislaufbehälter, b_1 Kammer für angereichertes Waschöl, *c* Pumpen, *d* Ölabscheider, *e* Wärmeaustauscher, *f* Ölerhitzer, *g* Abtreibeapparat, *h* Ölvorkühler, *i* Ölschlußkühler, *k* Leichtölkondensator, *l* Sammelbehälter für Leichtöl.
II. Rohbenzolgewinnung. *m* Destillierblase, *n* Rektifizierkolonne, *o* Rückflußkühler, *p* Benzolkühler, *q* Behälter für Rohprodukte, *r* Kühlpfanne.
III. Gewinnung der gereinigten Produkte. *A* Rührwerk, *B* Behälter für Schwefelsäure, *C* Behälter für Natronlauge, *D* Meßgefäß für Schwefelsäure, *E* Meßgefäß für Natronlauge, m_1 Destillierblase, n_1 Rektifizierkolonne, o_1 Rückflußkühler, p_1 Benzolkühler, *F* Vorlagen, *G* Behälter für Fertigprodukte.

[1]) Nach Schreiber, „Aufbereitung, Brikettierung und Verkokung der Steinkohle", Braunschweig, Vieweg & Sohn.

Das frische Waschöl wird auf den dritten der mit *a* bezeichneten Wäscher gepumpt, rieselt dem Gasstrom entgegen, indem es sich auf die ganze Fläche der Stabwascheinlagen verteilt, und sammelt sich in einer unterhalb des Wäschers befindlichen Grube. Von dort wird es auf den zweiten und dann auf den ersten Wäscher gepumpt. Das Gas tritt in den ersten Wäscher ein und verläßt die Apparatur nach dem dritten Wäscher, so daß das frische Gas mit dem am meisten angereicherten Öl zusammentrifft und im dritten Wäscher durch das frische Öl die letzten Benzolspuren ausgewaschen werden.

Nach Passieren der Wäscher wird das nunmehr mit Benzol gesättigte Öl durch Destillation regeneriert. Zu diesem Zwecke wird es aus der Kammer für angereichertes Waschöl *b*, durch den Wärmeaustauscher *e* und den Ölerhitzer *f* auf den Abtreiber *g* gefördert. In diesem wird das Waschöl durch direkten und indirekten Dampf von seinem Benzolgehalt befreit und fließt als regeneriertes Waschöl durch die beiden Kühler *h* und *i* wieder in den Sammelbehälter *b* zurück. Von hier aus beginnt es seinen Kreislauf aufs neue. Außer Benzol nimmt aber das Waschöl auch noch Naphthalin und teerige Bestandteile aus dem Gase auf. Hat diese Anreicherung einen gewissen Grad erreicht, so läßt seine Aufnahmefähigkeit für Benzol nach und es muß durch Umdestillieren wieder gebrauchsfähig gemacht werden. Die den Abtreiber g verlassenden Dämpfe, die aus Benzol und seinen Homologen, aber zum Teil auch aus Naphthalin, Phenolen und höher siedenden Teerölen bestehen, werden im Kühler k verdichtet und als „Leichtöl" in Kessel l gesammelt. Das Leichtöl hat ungefähr folgende Zusammensetzung:

Benzol (bis 100°)	50—65%
Toluol (100—120°)	11%
Xylol (120—150°)	9%
Solventnaphtha (150—180°)	6%
Rückstand	10—20%

Die Weiterverarbeitung des Leichtöls findet, wie im Allgemeinen Teil, Tabelle 16 auseinandergesetzt, statt. Es wird im Rektifizierapparat II bestehend aus Destillierblase m, Rektifizierkolonne n und Rückflußkühler o in Leichtbenzol und Schwerbenzol bzw. dessen Unterfraktionen, Rohbenzol I—V, zerlegt. Die Produkte gelangen durch Kühler p in die Lagerbehälter q. Von dort aus werden sie durch die Pumpe c auf den mit einem Rührwerk versehenen Wäscher A gefördert, in dem sie mit Lauge und Säure gewaschen werden. Eine nochmalige Rektifikation in III ergibt die in Tabelle 16 aufgeführten Endprodukte.

Die gleichen Produkte werden bei der Verarbeitung des Leichtöls aus der Teerdestillation erzielt, wie auf Seite 65 beschrieben, doch tritt die Menge des hierbei gewonnenen Benzols hinter der Produktion von Waschbenzol weit zurück. Die Menge des letzteren beträgt in Deutschland ca. 95% der Gesamtproduktion an 90er Benzol.

Die erste Anlage zur Benzolgewinnung durch Auswaschen von Kokereigasen wurde in Deutschland im Jahre 1887 von Brunk auf der Zeche Kaiserstuhl bei Dortmund aufgestellt.

Handelsbezeichnung und Zusammensetzung. Wie bereits aus der Tabelle 16 auf Seite 66 hervorgeht, kommt Benzol unter verschiedenen Bezeichnungen in den Handel. Diese Bezeichnungen richten sich nach den Siedegrenzen der betreffenden Erzeugnisse, welche zwischen 80 und 195° liegen, da in diesen Handelsprodukten .außer Benzol auch dessen Homologen vorhanden sind. Die chemisch rein dargestellten Kohlenwasserstoffe, die unter dem Namen Reinbenzol auch 80/81er Benzol genannt, Reintoluol, Reinxylol in den Handel kommen, finden nur in der chemischen Industrie, nicht aber als Brennstoffe Verwertung.

Die Bezeichnungen, spez. Gewichte, Siedegrenzen und Entflammungspunkte der Handelsbenzole sind:

Tabelle 17.

Bezeichnung	Spez. Gewicht	Es sollen überdestillieren		Flammpunkt
Handelsbenzol I, auch 90 er Benzol genannt. . . .	0.880—0.883	90%	bis 100°	ca. —15°
Handelsbenzol II, auch 50 er Benzol genannt .	0.875—0.877	{50% „ 100°	90% „ 120°	—9.5°
Handelsbenzol III, auch gereinigtes Toluol genannt	0.870—0.872	90%	„ 120°	+5°
Handelsbenzol IV, auch gereinigte Xylol genannt	0.872—0.876	90%	„ 145°	+21°
Handelsbenzol V, auch gereinigte Solventnaphtha I genannt . .	0.874—0.880	90%	„ 160°	+21°
Handelsbenzol VI, auch gereinigte Solventnaphtha II genannt. .	0.890—0.910	90%	„ 175°	+28°
Handelsschwerbenzol . .	0.920—0.945	90%	„ 190°	+47°

Handelsbenzol I wird 90er Benzol genannt, weil 90% bis 100° C überdestillieren. Handelsbenzol II wird 50er genannt, weil 50% bis 100° C übergehen.

Über den Destillationsverlauf der einzelnen Handelsbenzole bestimmt in dem offiziellen Benzoldestillationsapparat siehe Tabelle 18 (nach Spilker).

Die spez. Gewichte der Handelsbenzole zeigen eine bemerkenswerte Eigentümlichkeit, indem sie mit steigendem Siedepunkt zunächst fallen, dann wieder steigen. Die Ursache hierfür beruht auf dem Umstand, daß Toluol und Xylol ein geringeres spez. Gewicht haben wie Benzol, was sich natürlich auf diejenigen Handelsprodukte, deren Hauptteil aus Toluol und Xylol besteht, überträgt.

Die Siedepunkte und spez. Gewichte der reinen Kohlenwasserstoffe sind für:

	Sdp.	S.-G.
Reinbenzol	80— 81° C	0.883—0.885
Reintoluol	109—110° C	0.870—0.871
Reinxylol	136—140° C	0.867—0.869
Reincumol . . .	163—172° C	0.896—0.890

Der Anteil dieser reinen Verbindungen in den Handelsprodukten beträgt nach Spilker (siehe Tabelle 19).

Tabelle 18.

Sdp.	Handels-benzol I	Handels-benzol II	Handels-benzol III	Handels-benzol IV	Handels-benzol V	Handels-benzol VI	Handels-schwer-benzol
S.-G., 15°	0.882	0.876	0.871	0.875	0.878	0.900	0.935
	%	%	%	%	%	%	%
79—80°	0	—	—	—	—	—	—
85°	48	0	—	—	—	—	—
90°	81	2	—	—	—	—	—
95°	88	29	—	—	—	—	—
100°	91	51	0	—	—	—	—
105°	—	70	11	—	—	—	—
110°	—	80	49	—	—	—	—
115°	—	88	79	—	—	—	—
120°	—	92	90	0	—	—	—
125°	—	—	—	12	—	—	—
130°	—	—	—	37	0	—	—
135°	—	—	—	61	2	—	—
140°	—	—	—	81	27	—	—
145°	—	—	—	90	57	0	—
150°	—	—	—	—	76	8	—
155°	—	—	—	—	86	33	—
160°	—	—	—	—	90	55	0
165°	—	—	—	—	—	71	4
170°	—	—	—	—	—	83	15
175°	—	—	—	—	—	90	38
180°	—	—	—	—	—	—	61
185°	—	—	—	—	—	—	75
190°	—	—	—	—	—	—	81
195°	—	—	—	—	—	—	90
200°	—	—	—	—	—	—	—
205°	—	—	—	—	—	—	—

Tabelle 19.

Enthält	Handels-benzol I	Handels-benzol II	Handels-benzol III	Handels-benzol IV	Handels-benzol V	Handels-benzol VI	Handels-schwer-benzol
	%	%	%	%	%	%	%
Benzol	84	43	15	—	—	—	—
Toluol	13	46	75	25	5	—	—
Xylol	3	11	10	70	70	35	5
Cumol	—	—	—	5	25	60	80
Neutrales Naphthalinöl	—	—	—	—	—	5	15

Die chemischen und physikalischen Konstanten von 90er Rohbenzol und 90er gereinigtem Handelsbenzol als den wichtigsten, im Handel befindlichen Benzolen sind:

	90er Rohbenzol	90er gereinigtes Handelsbenzol
Farbe	wasserhell bis gelblich	farblos, wasserhell
SpezifischesGewicht	0.86—0.88	0.880—0.883
Siedepunktanfang	79—80°	81°
Bis 100° destillieren	90—93%	90—93%
Erstarrungspunkt .	10—12° unter Null	4—5° unter Null
Flammpunkt . . .	etwa 15° ,, ,,	etwa 15° ,, ,,
Heizwert, oberer .	ca. 10050 WE/kg	ca. 10050 WE/kg
,, unterer .	ca. 9600 ,,	ca. 9600 ,,
Elementaranalyse .	{ C 90.0% / H 7,61%	91.5% / 7.8%
Schwefelgehalt im Durchschnitt . .	S 0.8%	0.5%
Theoret. Luftbedarf		10.2 cbm

100 kg 90er gereinigtes Handelsbenzol geben 27,88 cbm Benzoldampf. Die Aufnahmefähigkeit der Luft für Benzoldampf geht aus nachstehender Tabelle hervor.

Tabelle 20.

Temperatur $t°C$	Benzoldampf % Vol.	Benzol g in 1 cbm
—20	0.76	26.5
15	1.17	40.4
10	1.70	59.3
5	2.41	84.0
+0	3.33	116.1
5	4.49	156.5
10	5.95	207.5
15	7.75	270.2
20	9.95	346.9
25	12.62	440.0

Die Dampfspannung von reinem Benzol beträgt nach Young:

Temperatur $°C$	mm Quecksilbersäule
—10	14.83
+0	26.54
10	45.43
20	74.66
30	118.24
40	181.08
50	268.97
60	388.58
70	547.40
80	753.62
90	1016.1
100	1344.3

Der niedrige **Entflammungspunkt** verweist das Benzol in die Gefahrenklasse I (siehe Anhang). Der hohe **Erstarrungspunkt** hängt mit der Eigenschaft des reinen Benzols zusammen, bei 0° kristallinisch fest zu werden. Die Homologen des Benzols, wie Toluol, Xylol usw. haben diese Eigenschaft nicht, weshalb die höher siedenden Handelsbenzole, die reich an diesen Homologen sind, nicht so leicht erstarren.

Kältebeständigkeit. Die geringe Kältebeständigkeit macht das Benzol für viele Zwecke ungeeignet, z. B. als Treibmittel für Land- und Wasserfahrzeuge in der kalten Jahreszeit.

Man hilft sich damit, daß man entweder den Motor zunächst mit Benzin anläßt und erst, wenn der Benzolbehälter genügend warm geworden ist, auf Benzol umschaltet, oder indem man Mischungen von Benzol mit anderen Kohlenwasserstoffen, die den Erstarrungspunkt des Benzols heruntersetzen, verwendet. Solche Mischungen werden z. B. durch Zusatz von Spiritus zum Benzol hergestellt. Der untere Heizwert eines solchen Gemisches welches $a\%$ Spiritus und $b\%$ Benzol enthält, kann nach der Formel:

$$a \cdot 6480 + b \cdot 9600 \text{ WE/kg}$$

berechnet werden.

Nach Mitteilung von Mohr[1]) eignet sich eine Mischung von Benzin, Spiritus und Benzol besonders gut für Motorenzwecke, weil sie bei —25° noch kältebeständig ist und dabei sehr enge Siedegrenzen zwischen 42—78° aufweist. Diese Mischung soll ohne Änderung des Vergasers in Benzinmotoren verwertbar sein. Ihre Zusammensetzung ist durch Patent geschützt.

Zweckmäßiger als solche Zusätze von Kohlenwasserstoffen, die chemisch keine Verwandtschaft mit dem Benzol haben, erscheint die Beimischung von höher siedenden Homologen zum Benzol. Eine solche Mischung ist das

Autin,

welches von der Gewerkschaft **Deutscher Kaiser** in den Handel gebracht wird.

Dieser Brennstoff hat durch geeignete Zusammenstellung aus niedrig- und hochsiedenden Benzolkohlenwasserstoffen die Eigenschaft, daß er sowohl kältebeständig — Erstarrungspunkt 15° C unter Null — als auch leichtzündend ist. Die letztere Eigen-

---

[1]) Z. f. angew. Chemie 1909, S. 1137.

schaft ermöglicht ein direktes Anlassen des Motors ohne Zuhilfenahme von Benzin.

Die chemischen und physikalischen Konstanten des Autins sind in nachstehender Tabelle zusammengestellt:

Spez. Gewicht . . . 0.87 bei 15° C,
Flammpunkt . . . unter Zimmertemperatur,
Siedeanalyse . . . Anfang 78—80°,
Es destillieren . . . bis 100° C   bis 160° C,
                          65—70%   95%
Elementaranalyse . C = 87.20; H = 9.10; O + N + S = 3.70%,
Luftbedarf . . . . 10,1 cbm,
Heizwert . . . . . 9800—9900 WE/kg.

Autin besteht aus Kohlenwasserstoffen, die einer chemischen Reinigung mittels Lauge und Säure unterzogen wurden, es enthält daher keine harzigen und teerigen Bestandteile mehr, die für den Motorenbetrieb so unangenehm sind.

Über diese Bestandteile hat Spilker[1]) interessante Mitteilungen gemacht, welche für manche Mißerfolge bei dem Bestreben, möglichst billige Brennstoffe dem Motorenbetrieb zugänglich zu machen, Aufklärung bringen. Danach ist im Rohbenzol ein Körper vorhanden, der nach einiger Zeit sich polymerisiert und verharzt, das Zyklopentadien. Dieser Körper kann nur durch Auswaschen auf chemischem Wege mittels Alkalien und Säuren aus dem Rohbenzol entfernt werden, nicht aber durch Destillation.

Spilker, welcher Rohbenzole verschiedener Herkunft untersuchte, fand, daß frisch destilliertes Rohbenzol beim Verdunsten pro Kilogramm einen Rückstand von 0.2—2.2 g, im Mittel 0.64 g, hinterließ, der sich nach dreimonatigem Lagern des Benzols auf 0.4—5.4 g, im Mittel auf 1.86 g, steigerte.

Im Motor bewirken diese harzigen Bestandteile Verstopfen der Düsen und Verschmieren von Ventilen und Zylinder, was zu unangenehmen Betriebsstörungen führt.

Die mannigfachen Benzolersatzmittel, welche außer Autin, das in dieser Beziehung ja einwandfrei ist, auf den Markt kommen, wie Ergin, Rapidin, Homogenol usw., müssen daher vor allem auf Abwesenheit dieser harzbildenden Substanzen untersucht werden, ehe man ihre Verwendung im Motor empfehlen kann.

Mit einigen Worten soll hier auch auf die durch den Krieg gezeitigten

---

[1]) Chem. Z. 1901, S. 478.

Ersatzmittel

eingegangen werden. Etwas Neues, auch für die Zeit nach dem Kriege Wertvolles haben sie nicht gebracht. Es sind ausschließlich Mischungen bekannter und bewährter Treibmittel mit solchen Kohlenwasserstoffen, die sich für den Motoren-, insbesondere Automobilmotorenbetrieb nicht oder nur schlecht eignen. Dietrich[1]), der sich mit der Untersuchung dieser Ersatzmittel eingehend beschäftigt hat, führt folgende Mischungen an:

1. Denaturierter Spiritus, Schwerbenzin, Benzol und Teeröl.
2. Schwerbenzine bis über 300° hinauf.
3. Schwerbenzin mit Zusatz von Äther.
4. Benzol, Benzin und Azeton gemischt.
5. Schwerbenzin, Motorspiritus und Rohazeton gemischt.
6. Rohbenzol mit Zusatz von Methylalkohol.
7. Motorspiritus, Azeton und Benzol.
8. Leichtes Teeröl und Schwerbenzin bzw. Spiritus gemischt.
9. Brennspiritus mit Benzol und Azeton gemischt.
10. Motorspiritus, in dem Naphthalin gelöst war.

Die in diesen Mischungen vorkommenden Brennstoffe Methylalkohol, Azeton und Äther werden an anderen Stellen dieses Buches nicht behandelt. Methylalkohol und Azeton werden bei der trockenen Destillation von Holz gewonnen. Es sind wie der Spiritus (siehe S. 96) stark sauerstoffhaltige Produkte von verhältnismäßig geringem Heizwert, aber nach ihrem Siedepunkt — Methylalkohol 66°, Azeton 56° — zum Motorenbetrieb nicht ungeeignet. Da sie ein wertvolles Ausgangsmaterial für die chemische Industrie darstellen und nur in geringen Mengen gewonnen werden, kommt ihre Verwendung als Motorentreibmittel nur in Ausnahmefällen in Frage. Äther kann wegen seines hohen Preises nur in kleinen Mengen den Treibmitteln zugesetzt werden, um eine leichtere Zündung schwerflüchtiger Produkte zu erzielen.

3. Teeröl.

Gewinnung und Produktion. Die höher siedenden Anteile des Steinkohlenteers, wie sie im Mittel-, Schwer- und Anthrazenöl (siehe Seite 65) enthalten sind, kommen unter dem Sammelnamen Teeröle in den Handel. Der Verkauf fast der ganzen deutschen Produktion dieser Öle liegt in den Händen der Deutschen Teer-

---

[1]) Die Unterscheidung und Prüfung der leichten Motorbetriebsstoffe und ihrer Kriegsersatzmittel. Berlin 1916, Verlag des Mitteleuropäischen Motorwagen-Vereins.

produkten-Vereinigung Essen-Ruhr[1]). Die Erzeugung dieser Teeröle ist mit der zunehmenden Einführung der Destillationsöfen in den Kokereibetrieb und durch Verbesserungen in der Teerdestillation (das Ausbringen von Teeröl aus Teer beträgt ca. 35%) gewaltig gewachsen, wie nachstehende Aufstellung zeigt. Die Erzeugung betrug im Jahre:

1904	150 000	tons
1905	150 000	„
1906	250 000	„
1907	260 000	„
1908	280 000	„
1909	300 000	„
1910	350 000	„
1911	400 000	„
1912	500 000	„ (geschätzt).

Mit diesen Mengen steht das Teeröl an der Spitze aller in Deutschland selbst gewonnenen flüssigen Brennstoffe. Es hat vor den verschiedenen Teersorten den Vorteil, daß es als Destillat jederzeit in gleichbleibender Qualität hergestellt werden kann.

Zusammensetzung. Im wesentlichen ist das Teeröl mit dem auf Seite 67 erwähnten Kreosotöl identisch; jedoch wird die Fabrikation des als Brennstoff in den Handel gelangenden Anteils dieses Öls so geleitet, daß es bestimmten Ansprüchen genügt.

Eine erhebliche Beeinflussung der Beschaffenheit des Teeröls wird durch den wechselnden Naphthalingehalt hervorgerufen. An und für sich ist ja der Naphthalingehalt des Teeröls (mag es nun als Brennstoff für Motoren oder für Heizzwecke gebraucht werden) ohne störenden Einfluß auf seine Verwendungsfähigkeit. Er macht sich nur dadurch unangenehm bemerkbar, daß bei höherem Naphthalingehalt Ausscheidungen dieses Körpers bei niedriger Temperatur erfolgen.

Die Schwankungen im Naphthalingehalt werden dadurch hervorgerufen, daß in den Teerdestillationen die Abscheidung des Naphthalins aus den Ölen durch Auskristallisation in großen Kästen bei Lufttemperatur stattfindet. Infolgedessen bleibt während der heißen Jahreszeit mehr Naphthalin in den Ölen gelöst als im Winter. Diesem Umstande muß der Verbraucher dadurch Rechnung tragen, daß er in der kalten Jahreszeit für ein genügendes Anwärmen des Öles sorgt.

Lieferungsbedingungen. Während des Krieges ist alles Teeröl

---

[1]) Seit 1915 Verkaufsvereinigung für Teererzeugnisse G. m. b. H., Essen.

beschlagnahmt und dem freien Handel entzogen. Vor dem Kriege lieferte die Deutsche Teerprodukten-Vereinigung zu folgenden Bedingungen:

Die Deutsche Teerprodukten-Vereinigung verpflichtet sich bei Lieferungen von Teeröl zum Betriebe von Dieselmotoren ein Produkt zu liefern, das bei gewöhnlicher Temperatur, also ca. 15° C, gut flüssig ist. Bei Abkühlung des Öls auf 8° C und ruhiger Lagerung bei dieser Temperatur, während einer halben Stunde, dürfen sich keine größeren Ausscheidungen bilden. Sollen die Öle zu Heizzwecken dienen, so ist die Bedingung betr. des Ausscheidens von Naphthalin nicht so streng. Die übrigen Bedingungen für Lieferung von Teeröl zum Betriebe in Dieselmotoren lauten:

Die Teeröle dürfen nicht mehr als 0.2% feste, in Xylol unlösliche Bestandteile enthalten. Der Gehalt an unverbrennlichen Bestandteilen soll 0.05% nicht übersteigen.

Der Wassergehalt darf 1% nicht übersteigen.

Der Verkokungsrückstand darf nicht mehr als 3% betragen.

Bei der Siedeanalyse sollen bis 300° C mindestens 60 Volumprozente des Öles überdestillieren.

Der untere Heizwert soll nicht weniger als 8800 WE in 1 kg betragen.

Der Flammpunkt, im offenen Tiegel bestimmt nach der von Holde angegebenen Methode für Schmieröle, darf nicht unter 65° liegen.

Sollten sich während des Transportes, infolge Abkühlung des Öles im Wagen, Ausscheidungen gebildet haben, so werden dieselben mit den jeweils zur Verfügung stehenden Hilfsmitteln zur Auflösung gebracht. Rückstände, welche, bei sachgemäßer Behandlung, nicht aufgelöst werden können, werden von der gelieferten Menge in Abzug gebracht.

In diesen Lieferungsbedingungen sind bereits die charakteristischen Eigenschaften des Teeröls gekennzeichnet. Die dort nicht berücksichtigten Punkte sollen im folgenden erörtert werden.

Besondere Eigenschaften. Ein besonderes Merkmal des Teeröls ist sein saurer Charakter, der durch die Anwesenheit von Kresolen bedingt ist. Die Kresole sind die Homologen der Phenole (Karbolsäure) und wie diese als kräftige Desinfektionsmittel geschätzt. Ihrem chemischen Charakter nach sind sie zwar keine eigentlichen Säuren, zeigen aber doch stark saure Eigenschaften, die sich z. B. dadurch äußern, daß sie mit Alkalien Salze bilden.

Diese sauren Eigenschaften der Kresole werden im Teeröl

dadurch gemildert, daß sie nur einen verhältnismäßig geringen Anteil derselben (6—12%) ausmachen, während der Rest aus indifferenten Kohlenwasserstoffen besteht.

Immerhin dürfen gewisse Vorsichtsmaßregeln bei der Verwendung von Teeröl nicht außer acht gelassen werden.

Diese erstrecken sich lediglich auf das Material solcher Maschinen- oder Brennerteile, wie Ventile, Pumpen und Düsen, bei denen auch eine geringe Abnutzung des Materials nachteilig ist. Solche Teile dürfen nicht aus Kupfer oder Zink oder deren Legierungen hergestellt werden, sondern zweckmäßig aus Nickel, 25 prozentigen Nickelstahl oder aus einem anderen säurebeständigen Spezialeisen.

Für die Herstellung von Rohrleitungen und Vorratsbehältern von den üblichen Materialien abzugehen, liegt kein Grund vor. Wohl aber muß bei der Auswahl von Dichtungsmaterial für diese eine gewisse Vorsicht herrschen. Das Teeröl übt auf die meisten Stoffe vegetabilischer Abkunft und Zusammensetzung einen zersetzenden Einfluß aus. Dichtungen aus solchem Material werden daher nach einiger Zeit zerstört. Sußmann[1]), welcher diese Fragen eingehend studiert

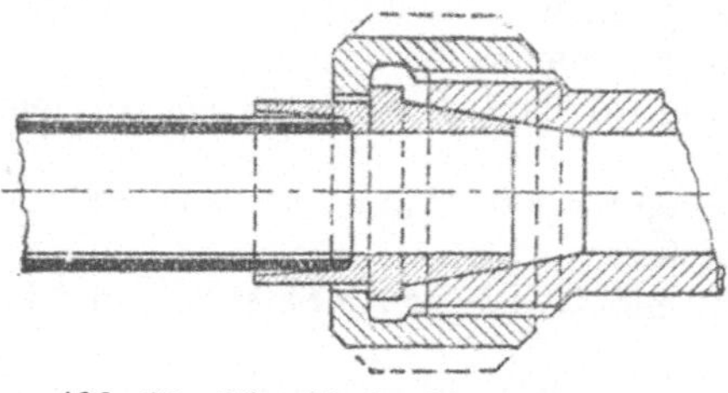

Abb. 23. Metallische Konusdichtung (aus Sußmann, Ölfeuerung).

hat, rät von jedem nicht metallischen Dichtungsmittel ab und schlägt vor, Aufbewahrungsbehälter, sofern autogene Schweißung nicht möglich ist, durch dünnes Kupferblech zu dichten. Zur Verbindung der einzelnen Rohre schlägt er Metallkonusdichtung wie Abb. 23 vor.

Als nachgiebige Verbindung soll sich nach demselben Autor aus einer ganzen Reihe sog. „Metallschläuche" nur der aus reinem Metall ohne Gummi- usw. Zwischenlage bestehende Metallschlauch der „Deutschen Waffen- und Munitionsfabriken Karlsruhe" bewährt haben. Die Deutsche Teerprodukten-Vereinigung empfiehlt als Dichtungsmaterial für Ölleitungen Pappdeckel oder Asbest in Leim getränkt. Nach Erfahrungen des Verfassers erhält man brauchbares Dichtungsmaterial, wenn man das Leinöl im gewöhnlichen Mennigekitt durch reines Glyzerin ersetzt.

Ein weiterer Punkt, der bei der Verwendung von Teeröl be-

---

[1]) Ölfeuerung für Lokomotiven. Springer, Berlin 1912, S. 48.

rücksichtigt werden muß , ist sein Naphthalingehalt, auf den schon eingangs hingewiesen wurde. Es ist nämlich nicht ausgeschlossen, daß bei starker plötzlich einsetzender Winterkälte größere Ausscheidungen auftreten. In solchen Fällen hört man wohl die Äußerung, das Teeröl enthalte so viel Schmutz, daß es als Brennstoff ganz unbrauchbar sei. Der vermeintliche Schmutz ist natürlich nichts anderes als auskristallisiertes Naphthalin, ein wertvolles Heizmaterial, das durch Erwärmung und kräftiges Umrühren wieder in Lösung gebracht werden kann. Schwieriger ist schon die Lage, wenn das auskristallisierte Naphthalin erst bemerkt wird, wenn der größte Teil des überstehenden Öles bereits verbraucht ist; dann müßte schon eine Erwärmung auf höhere Temperatur stattfinden, um das Naphthalin zu schmelzen. Am besten bewahrt man solche Naphthalinausscheidungen auf und setzt sie während der Sommerzeit, wenn das Teeröl infolge der höheren Temperatur für Naphthalin aufnahmefähiger ist, frischem Teeröl nach und nach zu.

Um nun mit Teeröl zu jeder Jahreszeit einen einwandfreien Betrieb zu sichern, genügt die Befolgung gewisser Vorschriften bei Transport und Lagerung, deren Grundzüge von der Deutschen Teerprodukten-Vereinigung ausgearbeitet wurden.

Transport und Lagerung. Am bequemsten lassen sich diese Anordnungen durchführen, wenn der Bezug des Teeröls in Kesselwagen geschieht. Abgesehen von den sonstigen Vorteilen hat der Bezug in Kesselwagen noch den Vorzug, der billigste Transport zu sein. Bei Versand in Kesselwagen wird die Fracht nur nach dem Nettogewicht des Öls berechnet, während beim Versand in Fässern noch 20—30% für die Fracht der Umhüllung hinzukommen. Weitere Kosten, die beim Faßversand entstehen, sind[1]):

	für Eisenfässer Mk.	für Holzfässer Mk.
Leihgebühr	0.30	—
Miete bei Benutzung der Fässer von mehr als 4 Wochen	2.— Mk. für jeden angefangenen Monat und Faß	—
Füllgebühr	0.30	0.30
Rückfracht	ca. 30% der Gesamtfracht	ca. 20% der Gesamtfracht
Bezahlung des Faßwertes	—	zur Zeit 6.— Mk.
Bei Rücksendung der Fässer	—	0.60 bis 1.— Mk.
Abnutzungsgebühr	—	je nach Zustand
Reparaturkosten	—	müssen vom Abnehmer getragen werden

---

[1]) Es liegen die Verhältnisse der Zeit vor dem Kriege zugrunde.

Rechnet man diese Posten zusammen, so kommt man zu dem Resultat, daß bei dem verhältnismäßig niedrigen Preise des Teeröls der Faßbezug die Ware um 30—50% des Wertes verteuert.

Die Kesselwagen haben einen Inhalt von ca. 15 000 Kilo und sind mit einem Ablaufstutzen (100 mm l. W.) sowie einer Heizvorrichtung (Absperrhahn l. W. 25 mm, entsprechend den Vorschriften der Staatseisenbahn) versehen.

Die Heizvorrichtung hat den Zweck, die Naphthalinabscheidungen, die sich bei längerem Transport in der Winterkälte bilden und die sich am Boden des Kessels ansammeln, wieder zu verflüssigen und dadurch ein restloses Entleeren des Wagens zu ermöglichen. Die Anwärmung kann z. B. geschehen auf der

Abb. 24. Einrichtung zur Entleerung von Kesselwagen.

Ankunftsstation durch Heizdampf aus Lokomotiven oder aus stationären Anlagen. An der Verbrauchsstelle müssen Vorratsbehälter vorhanden sein, um eine ganze Waggonladung aufzunehmen, bzw. kann die Ladung, wenn an einem Orte mehrere kleinere Verbraucher wohnen, durch Straßentankwagen an diese verteilt werden.

Sehr geeignet als Lagerbehälter sind gebrauchte Dampfkessel, die man nach Entfernung der Flammrohre öldicht verschließt, und deren Lagerung entweder erhöht oder unter Flur erfolgen kann.

Bei Lagerung unter Flur erfolgt der Ablauf direkt vom Kesselwagen durch eine Rohrleitung, Holz- oder Blechrinne in den in der Nähe des Bahngeleises gelagerten Vorratsbehälter. Aus diesem wird das Öl mit Hilfe von Druckluft oder einer Ölpumpe den Verbrauchsstellen zugeführt.

Beim erhöhten Lagern ist die Zwischenschaltung eines Sammelbehälters von ca. 1—2 cbm Inhalt zu empfehlen, dem das Öl durch eine Blechrinne von dem Kesselwagen zufließt und aus dem es durch Rohrleitung und Pumpe in den Vorratsbehälter gedrückt wird. Von dort aus läuft es den Verbrauchsstellen selbsttätig zu. Eine solche Anlage ist in Abb. 24 schematisch dargestellt.

Es empfiehlt sich auch, den Vorratsbehälter mit einer Heizschlange zu versehen. Ist kein Heizdampf vorhanden, so benutzt man zweckmäßig warmes Wasser zum Anwärmen der Heizschlange. Hierzu eignet sich bei Motorenanlagen besonders das mit ca. 60° abfließende Kühlwasser, auch kann man die heißen Auspuffgase an dem Behälter vorbeistreichen lassen. Bei Heizanlagen baut man in den Fuchs ein Röhrenbündel ein, in dem man heißes Wasser kostenlos erzeugen kann.

Aus vorstehendem ist ersichtlich, wie Schwierigkeiten, die sich beim Gebrauch eines Brennstoffes in der Praxis ergeben können, durch sachgemäße Behandlung desselben leicht behoben werden können. Da das Teeröl bei der Größe seiner Produktion berufen ist, eine große Rolle in der Versorgung Deutschlands mit flüssigen Brennstoffen zu spielen, erschien es angezeigt, auf diese Umstände besonders einzugehen.

Die physikalischen und chemischen Eigenschaften des Teeröls gibt nachstehende Tabelle wieder:

Farbe: grünbraun bis dunkelbraun,
Geruch: kräftig nach Teer,
Spez. Gewicht: 1.0—1.1, im Mittel 1.04—1.06,
Flammpunkt: nicht unter 65° C (Gefahrenklasse III), meist
               75—85°,
Zähflüssigkeit: bei gewöhnlicher Temperatur dünnflüssig,
            Englergrade bei 20°   50°   70°
                  1.38 1.15 1.04,
Siedeanalyse: bis 300° C sollen mindestens 60 Volumenprozent
            überdestillieren,
Wassergehalt: nicht über 1%,
Schwefelgehalt: ca. 0.3—0.7%,
Schmutzgehalt (bzw. in Xylol unlösliches): nicht über 0.2%,
Aschengehalt: nicht über 0.05%,
Unterer Heizwert: 8800—9200 WE/kg,
Elementaranalyse: C 90.0%, H 7.0% (im Mittel),
Luftbedarf: ca. 10 cbm pro Kilogramm,
Spez. Wärme: ca. 0.6.

Das Teeröl ist der einzige, in größeren Mengen in den Handel kommende flüssige Brennstoff, dessen spez. Gewicht über 1 liegt. Dies ist besonders wertvoll für die Aufbewahrung auf Schiffen, da im Falle eines Brandes die Flammen durch Überlagerung von Wasser leicht erstickt werden können.

Was die Bedeutung der chemischen Eigenschaften des Teeröls für die Verbrennung anbetrifft, so ist bereits beim Kapitel Teer der fundamentale Unterschied zwischen den kettenförmig und den ringförmig gegliederten Kohlenwasserstoffen auseinandergesetzt worden. Das Teeröl gehört seiner Abstammung nach zu den letzteren.

4. Naphthalin.

Das Naphthalin ist ein Kohlenwasserstoff von der Formel: $C_{10}H_8$,

$$\begin{array}{c}
CH_C CH \\
HC \diagup C \diagdown CH \\
HC \diagdown C \diagup CH \\
CH_C CH
\end{array}$$

der bei der trockenen Destillation der Steinkohle entsteht, und zwar in um so größerer Menge, je höher die Temperatur ist, bei der die Kohle destilliert wird.

Es ist einer der wenigen im Steinkohlenteer vorkommenden Kohlenwasserstoffe, die bei gewöhnlicher Temperatur fest sind. Der Anteil des Naphthalins im Steinkohlenteer beträgt 5—10%, es befindet sich darin in gelöstem Zustande.

Gewinnung. Man gewinnt das Naphthalin aus den Teerdestillaten durch mehrtägiges Stehenlassen der naphthalinhaltigen Fraktionen in großen Kästen bei gewöhnlicher Temperatur. Das auskristallisierte Gut wird durch Abtropfenlassen auf gelochten Siebböden zunächst von dem größten Teil des anhaftenden Öls getrennt. Weitere Reinigung findet durch Destillation, Waschung mit Alkalien und Säuren und zuletzt durch warmes Pressen in Zylinderpressen statt.

Eigenschaften. Das Naphthalin kristallisiert in großen farblosen, rhombischen Blättchen, die bei 79° schmelzen, ein spez. Gewicht von 1.15 haben und bei 218° sieden. Charakteristisch für Naphthalin ist seine große Flüchtigkeit, weshalb es auch in fast allen Fraktionen des Steinkohlenteers auftritt.

Über die Dampfspannung des Naphthalins siehe Tabelle 21.

Diese im Vergleich zu anderen flüssigen Brennstoffen unverhältnismäßig hohe Dampfspannung ist für die Verbrennung im Motor sehr günstig, da sich um die fein zerstäubten, flüssigen Naphthalinteilchen Schleier von Dämpfen bilden, die die Zündung leicht übertragen. Die Bedingung für schnelle Entflammung der Gesamtladung liegt also sehr günstig, so daß eine rußfreie Verbrennung leicht erzielt wird.

Tabelle 21.

t^0	Dampfspannung in mm Quecksilber	entsprechend Gramm in 100 cbm Luft
0	0.022	13.7
5	0.034	22.4
10	0.047	32.3
15	0.062	43.5
20	0.080	56.3
30	0.135	90.4
40	0.32	191.0
50	0.81	476
60	1.83	1104
70	3.95	2405
80	7.40	4342
90	12.6	6950
100	18.5	10122

Um als Brennmaterial Verwendung zu finden, muß das Naphthalin zunächst auf mindestens 80° erwärmt werden. Es geht bei dieser Temperatur in den flüssigen Aggregatzustand über und verhält sich dann wie jeder andere flüssige Brennstoff. Seine physikalischen und chemischen Konstanten sind:

Spez. Gewicht 1.15,
Flammpunkt 80° C,
Siedepunkt 216.5—218.5°,
Unterer Heizwert 9600 WE/kg,
Elementaranalyse C 93.75%; H 6.25%,
Luftbedarf 10 cbm pro 1 kg Naphthalin.

Die Produktion an Naphthalin beträgt ca. 50 000 tons jährlich.

Drittes Kapitel.

Der Braunkohlenteer und seine Verarbeitungsprodukte.

I. Der Braunkohlenteer.

1. Die Gewinnung des Braunkohlenteers.

Ausgangsmaterial. Der Braunkohlenteer wird als Hauptprodukt bei der trockenen Destillation von Braunkohle gewonnen, im Gegensatz zum Steinkohlenteer, der als Nebenprodukt fällt. Die Industrie der Braunkohlendestillation, Schwelerei genannt, hat in Deutschland ihren Sitz im sächsisch-thüringischen Braunkohlenbezirk. Außerdem wird von der Gewerkschaft Messel ein bei Darmstadt gelegenes, ziemlich bedeutendes Vorkommen von bituminösem Schiefer ausgebeutet. Im Auslande befinden sich größere Industrien dieser Art in Schottland, Südfrankreich und Australien, die alle wie Messel bituminösen Schiefer auf Schwelteer verarbeiten.

Die in der sächsisch-thüringischen Mineralölindustrie zur Schwelerei verwendete Braunkohle muß bestimmte Eigenschaften aufweisen, um für diesen Zweck geeignet zu sein.

Sie unterscheidet sich von der gewöhnlichen Braunkohle durch einen hohen Gehalt an Bitumen und wird mit dieser zusammen, in wechselnden Lagen sich deutlich abhebend, gefunden. Man bezeichnet sie zum Unterschied von der Feuerkohle als Schwelkohle.

Beide Kohlensorten sind durch Vermoderung von Pflanzen unter Luftabschluß entstanden, und zwar die Feuerkohle aus der Holzsubstanz, während die Schwelkohle durch das zusammengeschwemmte Harz und die fettreichen Früchte der Bäume gebildet wurde.

Die reinste Schwelkohle, der sogenannte Pyropissit, ist von weißer Farbe, wird aber jetzt nicht mehr gefunden. Die in der Gegenwart zur Verarbeitung gelangende Schwelkohle hat eine gelbe bis hellgelbe Farbe, ein spez. Gewicht von 0.9—1.1 und zeigt einen fettigen Glanz, wenn sie mit einem glatten Gegenstand gerieben wird. Sie schmilzt bei 150—200° und ist infolge dieser Eigenschaft für Feuerungszwecke vollständig unbrauchbar. Beim Anzünden brennt sie mit stark rußender Flamme.

Der Bitumengehalt der Schwelkohle beträgt 5—15% und darüber und kann ihr durch Behandlung mit geeigneten Lösungsmitteln entzogen werden.

Das Ausgangsmaterial für die Messeler Schwelindustrie bildet ein umfangreiches Lager von bituminösem Schiefer, das seit 1885 auf Mineralöle und Paraffin verarbeitet wird. Bei dem Messeler Vorkommen haben nicht nur Pflanzen, sondern auch tierische Substanzen das bituminöse Material geliefert.

Neuerdings sind aussichtsreiche Bestrebungen in Gang, den bei der Vergasung von Braunkohle im Generator anfallenden Teer in derselben Weise wie Schwelteer aufzuarbeiten und dadurch dem großen Mangel an Ölen, wie er durch den Krieg entstanden ist, zu steuern. Dieser sog. Generatorteer gibt gute Ausbeute an Ölen und Paraffin, wenn bei seiner Gewinnung gewisse Temperaturen nicht überschritten werden. Man bezeichnet

ihn dann als Tieftemperaturteer. Der Tieftemperaturteer
selbst kommt ebensowenig wie Schwelteer als Heiz- oder Treibmittel in Frage wegen der darin enthaltenen hochwertigen
Produkte.

Die Verschwelung der Kohle sowie des Schiefers findet in
stehenden Retorten, auch
Schwelzylinder genannt, statt,
von denen Abb. 25 einen
Schnitt der gebräuchlichsten
Type darstellt.

Im Innern eines zylin-
drischen Schachtofens aus
Schamottesteinen, der auch
Raum für die Feuerzüge der
Heizvorrichtung bietet, ist ein
System von senkrecht über-
einanderliegenden, abgeschräg-
ten gußeisernen Ringen, die
voneinander regelmäßige Ab-
stände haben, eingesetzt. Das
System zeigt im Querschnitt
eine jalousieartige Anordnung.

Zwischen diesem System
von Ringen, Glocken genannt,
und der inneren Ofenwand
bleibt ein Raum von 8—10 cm
frei, der eigentliche Schwelraum B, der die Schwelkohle
aufnimmt. Die Ringe selbst
umschließen einen zylindrischen Raum R, der durch die
jalousieartigen Öffnungen mit
dem Schwelraum B in Verbindung steht.

Unten läuft der Ofen in
einen Konus C aus und mün-

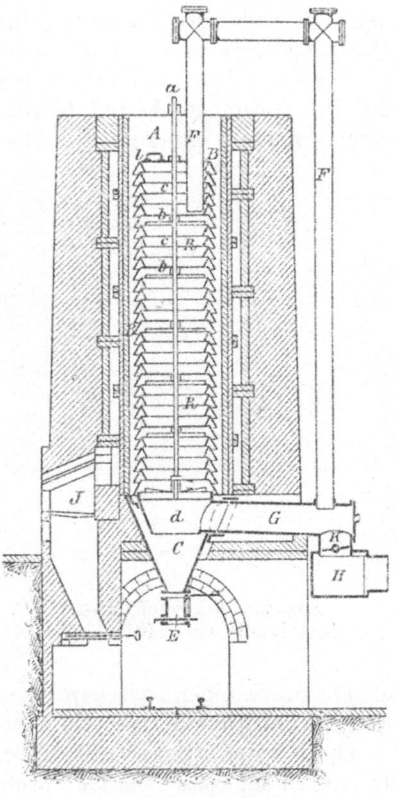

Abb. 25. Schwelzylinder
(nach Scheithauer).

det in einen eisernen Kasten E, der oben und unten durch Schieber
verschlossen werden kann, und der zur Aufnahme der ausge-
schwelten Kohle dient.

Die Beheizung des Schwelofens erfolgt von J aus durch eine
kombinierte Kohlen- und Gasfeuerung. Als Heizgas findet das
von Teerdämpfen befreite Schwelgas Verwendung. Die Flamme
geht durch die rings um den Schwelraum B eingebauten senk-

rechten Feuerzüge hoch und bringt diesen Raum auf eine Temperatur von 400 bis 650° C.

Die Füllung des Ofens geschieht, indem Kohle auf den sogenannten Glockenhut, der den innern, durch die Glocken gebildeten Raum nach oben abschließt, aufgeschüttet wird. Auf dem Wege nach unten wird die Kohle zunächst von Wasser, dann in den heißeren Teilen des Ofens von ihrem Gehalt an Bitumen befreit. Der ausgegarte Koks, Grude genannt, wird unten abgezogen.

Die Schwelgase sammeln sich in R und werden von dort durch die Rohrleitungen F und G zur Vorlage H bzw. zur Kondensationsanlage weitergeführt. Die Bewegung der Schwelgase ge-

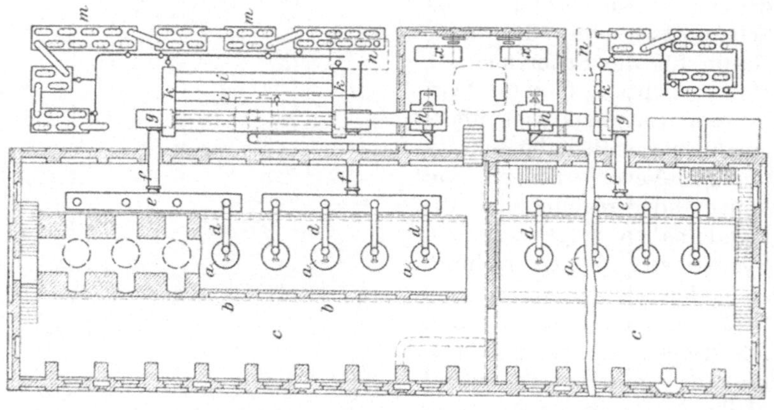

Abb. 26. Schwelofenbatterie
(aus Scheithauer, Schwelteere).

schieht durch einen zwischen Ofen und Kondensation eingebauten Flügelexhaustor oder Körtingschen Luftsauger.

Die Kondensation der im Gase enthaltenen Wasser- und Teerdämpfe findet ausschließlich durch Luftkühlung zunächst in einem System von liegenden, dann in einem System von auf Kasten stehenden schmiedeeisernen Rohren mit dünnen Wandungen statt. Von hier aus gelangen die Kondensate in eine Sammelgrube, wo sich der Teer von dem spezifisch schwereren Wasser scheidet.

In der Regel sind 10 oder 12 solcher Schwelöfen zu einer Batterie mit gemeinsamer Kondensation vereinigt. Abb. 26 zeigt den Grundriß einer solchen Batterie, in welchem a die Schwelöfen, b die Feuerung, e die Vorlage, i die liegende und m die stehende Kondensation bedeuten. H ist der Flügelexhaustor und n die Sammelgrube.

2. Die Eigenschaften des Braunkohlenteers.

Der Braunkohlenteer findet wegen seiner wertvollen Bestandteile direkt keine Verwertung, sondern wird immer durch Destillation weiterverarbeitet. Er hat eine gelblich- bis dunkelbraune Farbe und bei gewöhnlicher Temperatur eine butterartige Konsistenz. Sein spez. Gewicht, bei 35° R bestimmt, schwankt zwischen 0.850 bis 0.910. Der Schmelzpunkt liegt zwischen 25° und 35° und darüber.

Seinem chemischen Charakter nach besteht der Braunkohlenteer im Gegensatz zum Steinkohlenteer hauptsächlich aus Kohlenwasserstoffen der Paraffinreihe. Daneben sind anwesend aromatische Kohlenwasserstoffe (Benzolabkömmlinge), sauerstoffhaltige Körper, wie Phenol, Kresol usw., Basen und Schwefelverbindungen.

Die Kohlenwasserstoffe der Paraffinreihe bestehen aus gesättigten und ungesättigten Verbindungen, von denen die letzteren durch ihren höheren Kohlenstoff- und geringeren Wasserstoffgehalt charakterisiert sind. Die Menge der ungesättigten Kohlenwasserstoffe ist um so größer, je höher die Temperatur beim Schwelen war.

Die chemischen Eigenschaften der Kohlenwasserstoffe der Paraffinreihe sind bereits beim Erdöl eingehend erörtert worden. Es sei hier nur nochmals darauf hingewiesen, daß sie sich gegenüber den Kohlenwasserstoffen der Benzolreihe, welche den Hauptbestandteil des Steinkohlenteers ausmachen, durch erheblich höheren Wasserstoffgehalt und daher auch durch leichtere Zündfähigkeit auszeichnen.

Die im Schwelteer enthaltenen aromatischen Kohlenwasserstoffe rühren im wesentlichen von der sekundären Zersetzung der Paraffinkohlenwasserstoffe durch die Einwirkung der hocherhitzten Schachtwände her. Ihre Menge ist nicht sehr groß. Außer Benzol und seinen Homologen ist vornehmlich Naphthalin vorhanden, das sich infolge seiner Flüchtigkeit besonders in den leichtsiedenden Destillaten wiederfindet. Das Solaröl weist davon einen Gehalt von 1—2% auf. Auch hydroaromatische Körper, ähnlich den im russischen Erdöl enthaltenen Naphthenen, kommen in geringer Menge vor.

Größer, 10—15%, ist der Anteil an Phenolen, die durch Behandlung mit Natronlauge aus dem Teer entfernt werden müssen, während die in sehr geringer Menge, $^1/_4$%, anwesenden Basen durch Behandlung mit Schwefelsäure beseitigt werden.

Der Schwefelgehalt des Teers beträgt $^1/_2$—$1^1/_2$%.

II. Die Verarbeitungsprodukte des Braunkohlenteers.

1. Methoden der Verarbeitung.

Die Verarbeitung des Braunkohlenteers erfolgt in ähnlicher Weise wie die des Steinkohlenteers durch fraktionierte Destillation, und zwar entweder unter atmosphärischem Druck oder im luftverdünnten Raum. Die letztere, rationellere Methode ist bei größeren Destillationsanlagen bereits durchgehend eingeführt und soll im nachstehenden näher beschrieben werden. Abb. 27 zeigt eine gußeiserne Blase für Vakuumdestillation. A ist die eigentliche Blase, die nach oben durch den Deckel B abgeschlossen ist. Die Destillate entweichen durch den Rüssel C, der mit einer Kühlvorlage verbunden ist.

Der Destillationsrückstand kann durch das am Grunde der Blase angebrachte Rohr L abgelassen werden.

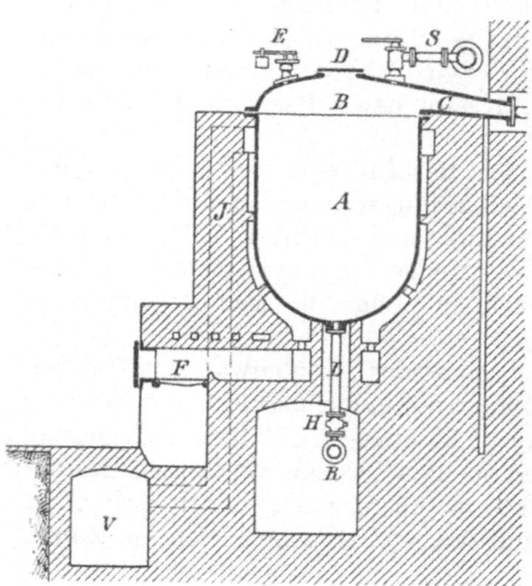

Abb. 27. Braunkohlenteer-Destillationsblase (nach Scheithauer).

Die Feuerung der Blase liegt bei F, von wo die Feuergase durch Schlitze zur Blase ziehen und deren Wandung umstreichen.

Die Füllung der Blase geschieht durch die Fülleitung S unter Zuhilfenahme des Vakuums. Eine Blase faßt 20—25 dz Teer, die in ca. 10 Stunden abdestilliert sind. In der Regel wird eine Anzahl Destillationsblasen, 6—15 Stück, durch gemeinsame Ummauerung zu einem Blasenklotz vereinigt.

Abb. 28 zeigt den Grundriß, Abb. 29 den Aufriß einer solchen Destillationsanlage. Es bedeuten A die Blase, B deren Rüssel, C das Kühlgefäß, D Vorlagen, P die Luftpumpe zum Evakuieren der Apparatur.

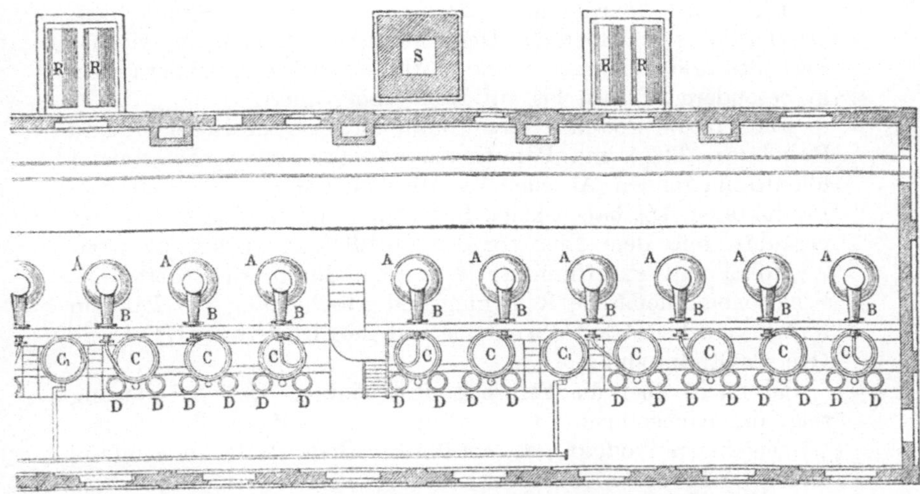

Abb. 28. Braunkohlenteer-Destillationsanlage (Grundriß)
(aus Scheithauer, Schwelteere).

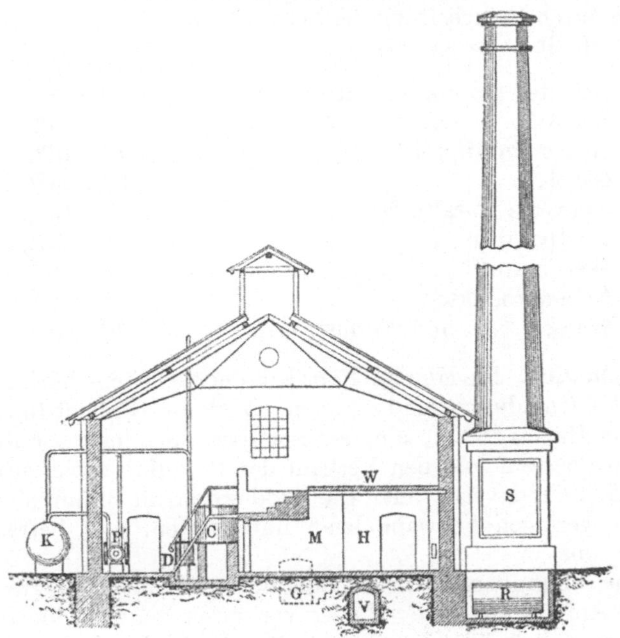

Abb. 29. Braunkohlenteer-Destillationsanlage (Aufriß)
(aus Scheithauer, Schwelteere).

Die ganze Anordnung ist ähnlich wie bei der Steinkohlendestillation, nur bildet der Destillationsrückstand nicht wie das Pech des Steinkohlenteers eine marktfertige Ware, sondern wird in besonderen Blasen bis auf Koks abdestilliert.

Die Hauptprodukte der Braunkohlenteerdestillation sind Rohöl (ca. 33%) und Paraffinmasse A (ca. 60%). Die zuletzt überdestillierenden Anteile, Paraffinschmiere ca. 2% und rote Produkte ca. 1% haben keine Bedeutung und werden teils direkt verkauft, teils dem Teer vor der Destillation wieder zugesetzt.

Rohöl und Paraffinmasse A werden durch wiederholte Destillationen, chemische Reinigung und Abscheidung von Paraffin weiter verarbeitet auf Paraffin und möglichst paraffinfreie Öle als Endprodukte.

Übersicht über die Verarbeitungsprodukte. Den Arbeitsgang zeigt das nachstehende, von Scheithauer aufgestellte Schema.

Diejenigen Produkte, die als flüssige Brennstoffe Verwendung finden, sind durch Unterstreichen gekennzeichnet. Nur diese sollen im nachstehenden besprochen werden. Ein näheres Eingehen auf den Fabrikationsgang würde zu weit führen.

Die durch Verarbeitung des Schwelteers gewonnenen Produkte sind nach Scheithauer[1]):

Leichtes Braunkohlenteeröl (Benzin) .	2— 3%
Solaröl	2— 3%
Helles Paraffinöl	10—12%
Gasöl.	30—35%
Schweres Paraffinöl	10—15%
Hartparaffin	8—12%
Weichparaffin	3— 6%
Nebenprodukte	4— 6%
Wasser, Gas und Verlust.	20—25%

Produktion. Die Mineralölfabriken der sächsisch-thüringischen Braunkohlenindustrie sind zu einem „Verkaufssyndikat für Paraffinöle in Halle a. S." zusammengeschlossen, das jetzt bereits über 30 Jahre besteht und den Verkauf der Produkte der angeschlossenen Fabriken vermittelt. Die Produktion an Braunkohlenteer ist nur geringen Schwankungen unterworfen, und beträgt ca. 60 000 tons.

Eine Vergrößerung dieser Produktion ist nicht zu erwarten, da die Aufdeckung neuer Felder von guter Schwelkohle bei der genauen geologischen Durchforschung des in Frage kommenden

---

[1]) Die Schwelteere, Leipzig 1911, S. 116.

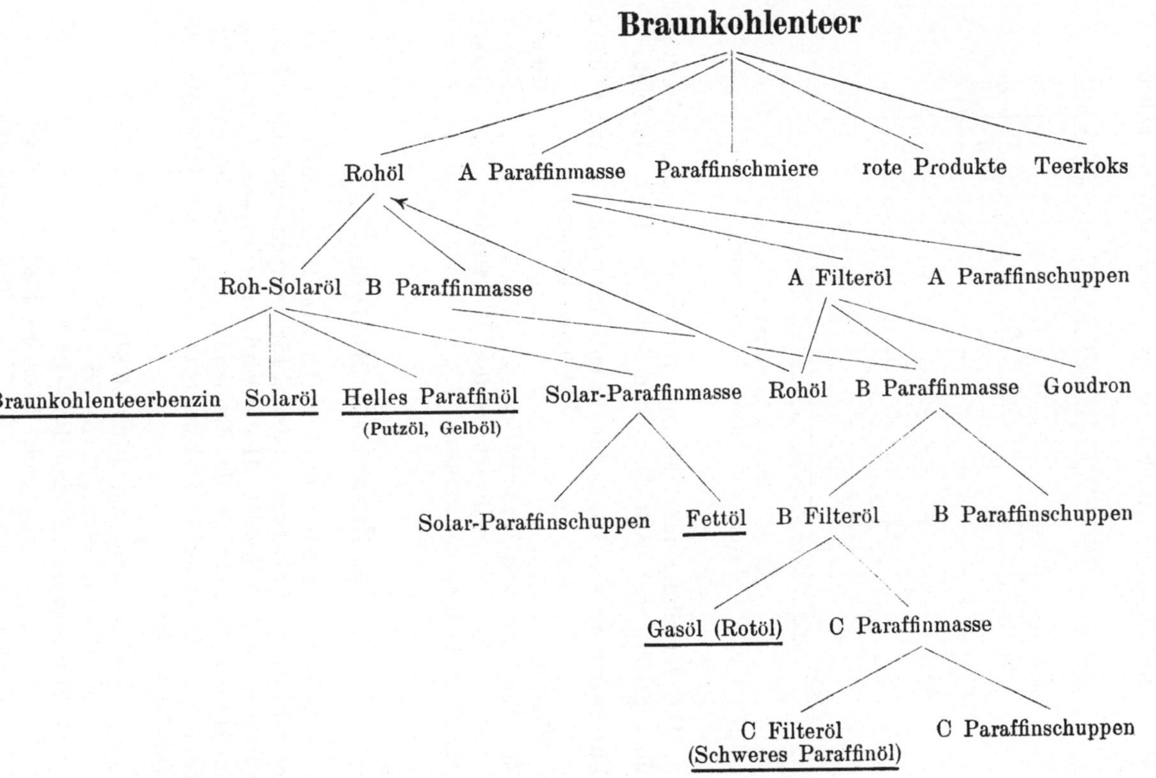

Braunkohlenteer
Rohöl
A Paraffinmasse
Paraffinschmiere
rote Produkte
Teerkoks
Roh-Solaröl
B Paraffinmasse
A Filteröl
A Paraffinschuppen
Braunkohlenteerbenzin
Solaröl
Helles Paraffinöl
(Putzöl, Gelböl)
Solar-Paraffinmasse
Rohöl
B Paraffinmasse
Goudron
Solar-Paraffinschuppen
Fettöl
B Filteröl
B Paraffinschuppen
Gasöl (Rotöl)
C Paraffinmasse
C Filteröl
(Schweres Paraffinöl)
C Paraffinschuppen

Gebiets nicht wahrscheinlich ist. Die Paraffinölgewinnung wird von Scheithauer in nachstehender Tabelle wiedergegeben:

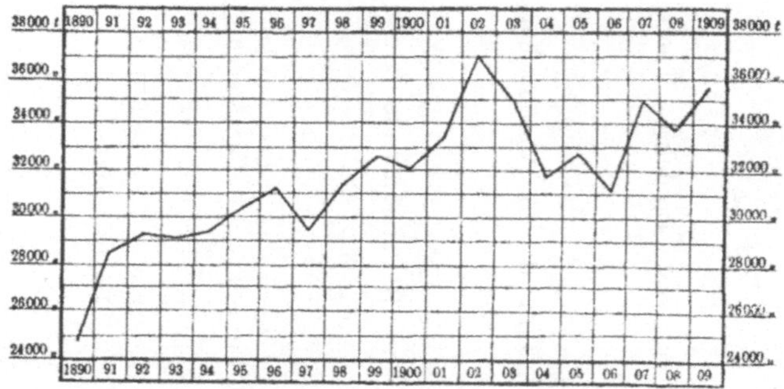

Ab. 30. Paraffinölgewinnung in tons
(aus Scheithauer, Schwelteere).

Die Verteilung dieser Mengen auf die verschiedenen Verwendungsgebiete war nach demselben Autor für 1911 wie folgt:

Zur Bereitung von Ölgas für Eisenbahnwagen . . ca. 11 000 t
„ „ „ „ „ Fabriken, kleinere
Städte usw. . . . . „ 5 000 t
Zur Bereitung von Wagenfetten . . . . „ 1 200 t
„ „ „ heißkarburiertem Wassergas . „ 3 000 t
Als Treiböle für Dieselmotoren . . . . „ 6 000 t

2. Braunkohlenteerbenzin.

Das Braunkohlenteerbenzin kam früher unter dem Namen Photogen als Brennmaterial für Lampen bestimmter Konstruktion in den Handel. Heute wird fast die ganze Produktion im eigenen Betriebe bei der Reinigung des Paraffins gebraucht. Seine physikalischen und chemischen Konstanten gibt folgende Tabelle wieder:

Spez. Gewicht von 0.780—0.810,
Entflammungspunkt von 25—30°,
Siedeanalyse: Beginn 100—120°
Es gehen über bis 150°   200°
                    20%   80—100%
Viskosität: 0.98 Englergrade.
Heizwert: 10 780 WE.

3. Solaröl.

Das Solaröl wurde wie das Braunkohlenteerbenzin früher auf Lampen an Stelle von Petroleum gebrannt. Heute findet man es für diesen Zweck nur noch in nächster Umgebung der Schwelereien; der größere Teil wird als Motorenöl verbraucht.

Spez. Gewicht: 0.825—0.830,
Flammpunkt: 45—50°,
Viskosität: 1.05—1.10 Englergrade,
Siedeanalyse: Beginn 150—170°,

	bis 200°	250°	270°
	40—50%	80—90%	ca. 100%

Elementaranalyse: C = 85.48%
H = 12.31%
O + S + N = 2.21% S = 0.83%
Theor. Luftbedarf: ca. 10.8 cbm pro Kilogramm.
Unterer Heizwert: 9983 WE/kg.

4. Helle Paraffinöle.

Helle Paraffinöle kommen unter dem Namen Putzöl, Gelböl, Rotöl in den Handel. Die Farbe dieser Öle geht vom Gelb über Strohgelb zum Rot über. Das Putzöl wird, wie sein Name besagt, zum Putzen von fettigen Maschinenteilen benutzt. Gelb- und Rotöl (leichtes Gasöl) finden hauptsächlich bei der Ölgaserzeugung, siehe Seite 49, Verwendung.

Tabelle der physikalischen und chemischen Konstanten

	Putzöl	Gelböl	Rotöl
Spez. Gewicht	0.848—0.850	0.860—0.870	0.870—0.880
Flammpunkt	66°	82°	85°
Viskosität (Englergrade)	1.1	1.21	1.25
Erstarrungspunkt		— 10 bis — 15°	
Siedeanalyse: Beginn	189°	204°	207°
Bis 200°	4%	—	—
„ 250°	95%	68%	34%
„ 300°	alles	96%	81%
Elementaranalyse: C =	—	86.35%	—
H =	—	11.16%	—
O + N =	—	1.68%	—
S =	0.78%	0.81%	0.86%
Unterer Heizwert	—	9823 WE/kg	9680 WE/kg[1]

---

[1] Mohr, feuerungstechn. Untersuchung, Berlin 1906, S. 46.

Der Kreosotgehalt dieser Öle beträgt 0.1—1%. Das Rotöl enthält noch geringe Mengen ($^1/_4$—$^1/_2$%) von nicht gewinnbarem Paraffin. Im Gegensatz zum Solaröl enthalten diese Öle kein Naphthalin.

5. Dunkles Paraffinöl, Gasöl.

Das dunkle Paraffinöl, Gasöl genannt, findet vorzugsweise bei der Öl- oder Fettgasbereitung, siehe S. 49, sowie bei der Wassergasfabrikation, siehe S. 44, Verwendung.

Es hat eine rotbraune Farbe mit blauer Fluoreszenz und enthält 1—2% Kreosot und ebensoviel Paraffin. Dieser Kreosotgehalt ist aber für die Verbrennung im Dieselmotor — für diesen Zweck kommen die schweren Öle der Braunkohlenteerdestillation außer für Gaserzeugung zur Zeit allein in Frage — ganz unwesentlich. Rieppel[1]) hat ein Braunkohlenteeröl mit 12% Kreosot anstandslos im Dieselmotor verbrannt. Solche Rohöle kommen übrigens gar nicht in den Handel.

Die physikalisch-chemischen Konstanten des Braunkohlenteer-Gasöls sind in folgender Tabelle zusammengestellt:

Spez. Gewicht: 0.880—0.900,
Flammpunkt: 100—120°,
Viskosität: 1.5—2.5 Englergrade,
Erstarrungspunkt: 0° bis —5°
Siedeanalyse: Beginn 200—250°

Bis 200°	250°	300°
—	5—15%	40—60%,

Elementaranalyse: C = 85.71%
H = 11.62%
O + N + S = 2.67%
S bis zu 2%,
Luftbedarf: ca. 10.7 cbm/kg,
Unterer Heizwert: ca. 9800 WE/kg.

6. Paraffinöl.

Als Treiböl für Dieselmotoren wird auch das spezifisch schwerere Destillat des Braunkohlenteers, das sogenannte Paraffinöl, verwendet. Es zeigt eine dunkelbraune Farbe mit grünem Schimmer. Sein Kreosotgehalt beträgt 1—3%, Paraffingehalt ca. 2.5%. Seine Konstanten sind:

Spez. Gewicht: 0.905—0.920,
Flammpunkt: 115—125°,

---

[1]) Z. Ver. deutsch. Ing. 1907, Nr. 16, S. 613.

Viskosität: 2.0—2.66 Englergrade,
Erstarrungspunkt: —6 bis +7°,
Siedeanalyse: Beginn 220—250°

Bis 200°	250°	300°
—	5—10%	10—20%,

Elementaranalyse: C = 85.95%

$$H = 11.53\%$$
$$O + N + S = 2.52\%$$
$$S\ ca.\ 1\%,$$

Luftbedarf: ca. 10.7 cbm/kg,
Unterer Heizwert: 9750 WE/kg.

Das in dem Schema, S. 91, erwähnte Fettöl dient zur Herstellung von Wagenölen und wird bisweilen auch als Gasöl verkauft. Es hat gelbe Farbe, ein spez. Gewicht von 0.890—0.905 und ist frei von Kreosot.

7. Kreosotöl.

Ein Nebenprodukt der Braunkohlenteerverarbeitung, das sogenannte Kreosotöl, wird bei der Reinigung der Braunkohlenteeröle mittels Natronlauge gewonnen. Die Natronlauge entzieht den Ölen die sauren, phenolartigen Bestandteile, die unter dem Namen „Kreosot“ zusammengefaßt werden. Das Reaktionsprodukt heißt Kreosotnatron.

Soweit es nicht direkt zur Imprägnierung von Grubenholz Verwendung findet, wird es durch Schwefelsäure zersetzt und das sich abscheidende Öl, das Rohkreosot, einer Destillation unterworfen. In der Regel fügt man die bei der Reinigung des Teers mit Schwefelsäure entstehenden Säureharze vor der Destillation hinzu. Das Destillationsprodukt kommt als Kreosotöl in den Handel und wird außer zu Desinfektionszwecken als Heizöl verwendet.

Es enthält 40—60% Kreosot und hat ein spez. Gewicht von 0.940—0.980.

Siedeanalyse: Beginn 150—170°

bis 200°	250°	300°
5—10%	30—40%	60—70%

Oberer Heizwert: 9000 WE/kg
Unterer Heizwert: 8695 WE/kg
Flammpunkt: 90°

Elementaranalyse: C = 80.11%

$$H = 9.70\%$$
$$O + N = 8.89\%$$
$$S = 1.30\%$$

Viskosität: 1.82 Englergrade.

Viertes Kapitel.

Spiritus.

Gewinnung. Der Brennspiritus wird aus Kartoffeln 'durch eine Reihe von Verarbeitungsprozessen gewonnen. Zunächst werden die Kartoffeln mit Dampf von ca. 3 Atm. gedämpft, um die Zellwände zu sprengen und die darin enthaltenen Stärkekörner freizulegen. Der aufgeschlossene Kartoffelbrei wird darauf zwecks Verzuckerung der nun verkleisterten und gelösten Stärke bei einer Temperatur von ca. 50° R mit in Wasser angerührtem, fein gemahlenem Malz versetzt. Durch die im Malz enthaltene Diastase wird die Stärke in Zucker verwandelt. Man nennt diesen Vorgang den Maischprozeß. Die süße Maische wird dann durch Zusatz von Hefe vergoren; es entsteht aus dem Zucker der Alkohol.

Die vergorene Maische hat einen Alkoholgehalt von 12 bis 13 Vol.-Proz. und wird zwecks Gewinnung einer hochprozentigen Ware der Destillation unterworfen. Mittels geeigneter Destillierapparate, sog. Kolonnenapparate, gelingt es in einem Arbeitsvorgang, einen hochprozentigen Alkohol, Rohsprit genannt, zu erzeugen.

Eigenschaften. Seinem chemischen Charakter nach ist der Alkohol ein sauerstoffhaltiger Abkömmling der Methan-Kohlenwasserstoffe, welcher im Gegensatz zu den bisher besprochenen flüssigen Brennstoffen einen beträchtlichen Sauerstoffgehalt aufweist.

Die Elementaranalyse des reinen Alkohols zeigt:

Kohlenstoff	52.12%
Wasserstoff	13.14%
Sauerstoff	34.74%

Also über ein Drittel besteht aus dem für die Verbrennung wertlosen Sauerstoff.

Daraus erklärt sich auch der niedrige Heizwert, der bei reinem Alkohol ca. 6362 WE (unterer Heizwert) beträgt. Der untere Heizwert von verdünntem Spiritus beträgt bei einem Gehalt von:

Tabelle 22.

Gewichtsprozent	WE/kg	Gewichtsprozent	WE/kg
100	6362	89	5596
99	6292	88	5526
98	6223	87	5456
97	6153	86	5387
96	6083	85	5318
95	6014	84	5248
94	5944	83	5178
93	5875	82	5110
92	5805	81	5040
91	5735	80	4970
90	5665		

Im Verein mit dem hohen Gestehungspreis ist dieser niedrige Heizwert die Ursache, daß der Spiritus unter den flüssigen Brennstoffen nur eine untergeordnete Stellung einnimmt, obgleich es nicht an Versuchen gefehlt hat, ihm ein größeres Absatzgebiet zu erschließen.

Zur Zeit wird er als Brennstoff fast nur in Mischung mit anderen Treibmitteln, besonders mit Benzol (siehe auch Seite 73) verwendet.

Die Dampfspannung von reinem Spiritus[1]) und von Benzol-Spiritus[2]) (1:1) geht aus nachstehender Tabelle hervor:

Tabelle 23.

Temperatur	Alkohol	Benzol-Spiritus 1:1
0° C	12.24	43
10°	23.77	69
20°	44.00	106
30°	78.06	177
40°	133.42	262
50°	219.82	319
60°	350.2	488
70°	540.9	590
80°	811.8	820
90°	1186.5	
100°	1692.3	

Der Siedepunkt des Spiritus liegt bei 78° C, der Entflammungspunkt von ca. 95 proz. denaturiertem Spiritus bei $+12°$ C. Der Luftbedarf beträgt ca. 7 cbm pro 1 kg.

---

[1]) Nach Ramsay und Young.
[2]) Nach Heirmann.

Bei der Verbrennung im Motor ist es ratsam, den Luftüberschuß recht reichlich zu nehmen, da die Verbrennung sonst nur teilweise zu Ende geführt wird und Nebenprodukte, wie Aldehyd und Essigsäure auftreten, die infolge ihrer rostbildenden Eigenschaften für den Motor gefährlich sind. Bei Zusatz von Benzol ist diese Gefahr infolge der reduzierenden Eigenschaften dieses Körpers vermindert [1]).

Die Stärke des Alkohols kann man am genauesten mit Hilfe des spez. Gewichtes ermitteln. Da Alkohol leichter als Wasser ist, so ist der Gehalt einer verdünnten alkoholischen Flüssigkeit um so höher, je niedriger ihr spez. Gewicht liegt. Das spez. Gewicht von reinem Alkohol beträgt bei der Normaltemperatur von 15° C 0.79 425.

Die Stärke des Spiritus kann in Raumprozenten (Volumprozenten) oder in Gewichtsprozenten ausgedrückt werden. Raumprozente bezeichnen das Verhältnis der Raummenge des im Spiritus enthaltenen Alkohols zu der Raummenge des Spiritus. Gewichtsprozente bezeichnen das Verhältnis des Gewichtes des im Spiritus enthaltenen Alkohols zu dem Gewichte des Spiritus.

Die Ermittlung der Stärke geschieht mittels der amtlich geeichten Thermo-Alkoholometer. Die Prozentangaben der Alkoholometer beziehen sich auf eine bestimmte Temperatur (Normaltemperatur). Als solche gilt für Raumprozente 15,5° C (12$^4/_9$° R) und für Gewichtsprozente 15° C.

Im amtlichen Verkehr sind ausschließlich Alkoholometer nach Gewichtsprozenten in Verwendung. Die Umrechnung auf Raumprozente geschieht mittels besonderer Tabellen (Alkoholermittlungsordnung Berlin 1900, Springer).

Folgender Auszug aus der Tabelle von Windisch (Tafel zur Ermittlung des Alkoholgehaltes aus dem spez. Gewicht. Berlin, Jul. Springer) gibt die zu einem bei Normaltemperatur ermittelten spez. Gewicht gehörigen Gewichts- und Raumprozente wieder (Tabelle 24).

Der Brennspiritus kommt als denaturierter (vergällter) Spiritus von ca. 90 bzw. ca. 95 Vol.-Proz. in den Handel. Die Gesamtproduktion Deutschlands an Spiritus schwankt je nach Ausfall der Kartoffelernte zwischen 3.5 bis 4 Millionen Hektoliter. Während des Krieges ist natürlich die Erzeugung von Spiritus aus Kartoffeln stark eingeschränkt.

---

[1]) Warschauer (Z. f. angew. Chemie 1908, S. 1544).

Tabelle 24.

Spezifisches Gewicht bei 15° C	Gewichtsprozente Alkohol	Raumprozente Alkohol	Spezifisches Gewicht bei 15° C	Gewichtsprozente Alkohol	Raumprozente Alkohol
0.849	79.81	85.31	0.821	90.76	93.82
0.848	80.21	85.64	0.820	91.13	94.09
0.847	80.62	85.97	0.819	91.50	94.35
0.846	81.02	86.30	0.818	91.87	94.61
0.845	81.43	86.63	0.817	92.23	94.87
0.844	81.83	86.95	0.816	92.59	95.13
0.843	82.23	87.28	0.815	92.96	95.38
0.842	82.63	87.60	0.814	93.31	95.63
0.841	83.03	87.92	0.813	93.67	95.88
0.840	83.43	88.23	0.812	94.03	96.13
0.839	83.83	88.85	0.811	94.38	96.37
0.838	84.22	88.86	0.810	94.73	96.61
0.837	84.62	89.18	0.809	95.08	96.85
0.836	85.01	89.48	0.808	95.43	97.08
0.835	85.41	89.79	0.807	95.77	97.31
0.834	85.80	90.09	0.806	96.11	97.54
0.833	86.19	90.40	0.805	96.46	97.76
0.832	86.58	90.70	0.804	96.79	97.99
0.831	86.97	90.99	0.803	97.13	98.20
0.830	87.35	91.29	0.802	97.47	98.42
0.829	87.74	91.58	0.801	97.80	98.63
0.828	88.12	91.87	0.800	98.13	98.84
0.827	88.50	92.15	0.799	98.43	99.03
0.826	88.88	92.44	0.798	98.76	99.24
0.825	89.26	92.72	0.797	99.11	99.46
0.824	89.64	93.00	0.796	99.41	99.64
0.823	90.02	93.28	0.795	99.73	99.84
0.822	90.39	93.55	0.794	100.00	100.00

Fünftes Kapitel.

Pflanzliche und tierische Fette.

Die pflanzlichen und tierischen Fette und Öle finden als Brennstoffe nur selten Verwendung.

Ihrer chemischen Zusammensetzung nach sind sie Verbindungen (Ester) von Glyzerin und höheren gesättigten und ungesättigten Fettsäuren, die neben Kohlenstoff und Wasserstoff auch einen gewissen Prozentsatz Sauerstoff enthalten.

7*

Diese Fette und Öle sind für Speisezwecke, Seifenfabrikation und sonstige technische Zwecke sehr gesucht und werden teuer bezahlt, so daß ihre Verwendung als Motorenbrennstoffe wohl nur in solchen Gegenden in Frage kommen kann, wo die sonst üblichen Treiböle schwer zu beschaffen sind.

Über die erstmalige Verwendung dieser Öle als Treibmittel hat Diesel Mitteilung gemacht[1]) und daran in seinem Vortrage über „Die Motorschiffahrt in den Kolonien[2])" weitere Erörterungen angeknüpft.

Daß die Dieselschen Zukunftsausblicke, welche die Verwendung der fetten Öle im größeren Maßstabe für wahrscheinlich halten, nicht in Erfüllung gehen werden, ist nach den Erfahrungen dieses Krieges wohl als sicher anzunehmen.

Das von Diesel besonders ins Auge gefaßte Erdnußöl aus Arachis hypogaea L. zeigt folgende Eigenschaften: .

Spezifisches Gewicht bei 15° C 0.915.

Flammpunkt 233°.

Elementaranalyse: H=11.41%, C=74.7% und O+N=13.86%.

Unterer Heizwert (kalorimetrisch bestimmt) 8823 WE.

Tabellarische Übersicht
über Ausdehnungskoeffizienten, spezifische Wärme und Verdampfungswärme verschiedener flüssiger Brennstoffe.

Ausdehnungskoeffizient.

Die Kenntnis des Ausdehnungskoeffizienten ist besonders zur Berechnung des Expansionsraumes von Transport- und Lagerbehältern wichtig.

Der Ausdehnungskoeffizient α gibt denjenigen Teil des Einheitsvolumens (1 ccm) an, um den sich 1 ccm der Flüssigkeit beim Erwärmen um 1° ausdehnt. Die nachstehende Tabelle gibt die Ausdehnungskoeffizienten der wichtigsten flüssigen Brennstoffe wieder. Für genaue Berechnungen, z. B. für die Feststellung der Menge von Lagerbeständen, muß bei solchen Flüssig-

---

[1]) Z. Ver. deutsch. Ing. 1911, S. 1348.

[2]) Verhandlungen d. Kolonial-Techn. Kommission, 1911, Nr. 2.

keiten, deren Zusammensetzung Schwankungen unterworfen ist, wie bei Rohölen, Heizölrückständen, Teeren, der Ausdehnungskoeffizient besonders ermittelt werden.

Bezeichnung	Temperatur, bei welcher der Ausdehnungskoeffizient ermittelt wurde	Ausdehnungskoeffizient α
Pennsylvanisches Rohöl . . .	—	0.000840
Russisches Rohöl	—	0.000817
Wietzer Rohöl	—	0.000647
Boryslaver Rohöl.	—	0.00102
Pentan	—	0.001589
Heptan	0 bis 30°	0.0012177
Oktan	—	0.001124
Benzin.	15 bis 30°	0.00131
Petroleum	7 bis 38°	0.000992
Gasöl	15 bis 30°	0.000757
Rumänische Erdölrückstände	—	0.00073 bis 0.00079
Amerikanische Heizölrückstände asphaltischer Basis .	—	0.0006
Gasteer	15 bis 30°	0.000577
Koksofenteer	15 bis 30°	0.000575
Vertikalofenteer	15 bis 30°	0.000707
Benzol.	0 bis 30°	0.001229
Toluol	20°	0.001099
Xylol	20°	0.001016
Teeröl	15 bis 30°	0.000676
Paraffinöl	—	0.000772
Alkohol (rein)	0 bis 30°	0.001101
Erdnußöl	19.0 bis 34.48°	0.000772
Wasser	—	0.00018

Literatur: Landolt-Börnstein, Physik.-chem. Tabellen, S. 204 ff. — Holde, Untersuchung der Mineralöle und Fette III, S. 9 ff. u. 101. — Engler-Höfer, Das Erdöl, Bd. III, S. 147 ff. — Zeitschrift Petroleum vom 15. Nov. 1911.

Spezifische Wärme.

Soll ein flüssiger Brennstoff aus irgendeinem Grunde, sei es um Wasser abzuscheiden, Ausscheidungen von Naphthalin oder Paraffin zu lösen, oder um die Viskosität zu erniedrigen, vor der Verwendung erwärmt werden, so ist die Kenntnis der spezifischen Wärme erforderlich.

Die spezifische Wärme bedeutet diejenige Wärmemenge, ausgedrückt in Wärmeeinheiten, welche der Gewichtseinheit eines

Brennstoffs zugeführt werden muß, um seine Temperatur um 1°
zu erhöhen.

Bezeichnung	Temperatur, bei welcher die spezifische Wärme bestimmt wurde	Spezifische Wärme
Pennsylvanisches Rohöl S. G.0.810	—	0.500
Russisches Rohöl S. G. 0.908. .	—	0.435
Kalifornisches Rohöl S. G. 0.960	—	0.398
Wietzer Rohöl	—	0.403
Petroläther.	0°	0.4194
Benzin, amerikanisches	—	0.487
Petroleum	18 bis 99°	0.498
Deutsches Petroleum	—	0.452
Galiz. Petroleum	—	0.473
Russisches Petroleum	—	0.451
Amerikanisches Petroleum . . .	—	0.455
Gasöl aus Wietze	—	0.448
Benzol.	21 bis 71°	0.436
Toluol	12 bis 99°	0.440
Teeröl	—	0.60
Naphthalin (fest)	40 bis 50°	0.326
Naphthalin (flüssig)	80 bis 85°	0.396
Solaröl.	—	0.419
Rotöl	—	0.453
Gasöl	—	0.416
Paraffinöl	—	0.433
Schweres Paraffinöl	—	0.453
Alkohol	40°	0.648
Alkohol	80°	0.769

Literatur: Landolt-Börnstein, Physikalisch-chemische Tabellen,
S. 144 ff. — Holde, Untersuchung der Mineralöle und Fette III, S. 11 ff. —
Gräfe, Zeitschrift Petroleum, 1907, II, Nr. 13. Karawajew ib. 1914, IX,
Nr. 15.

Verdampfungswärme.

Wenn der flüssige Brennstoff vor der Verbrennung verdampft
werden muß, so ist zur Berechnung der erforderlichen Wärme-
zufuhr die Kenntnis der Verdampfungswärme erforderlich.

Man unterscheidet zwischen totaler und eigentlicher Verdampfungswärme. Die eigentliche Verdampfungswärme ist diejenige Anzahl von Wärmeeinheiten, welche gebraucht wird, um
die Gewichtseinheit einer Flüssigkeit in Dampf von derselben
Temperatur zu verwandeln oder welche bei der Kondensation
des Dampfes frei wird. Die totale Verdampfungswärme ist gleich
der eigentlichen + derjenigen Anzahl von Wärmeeinheiten,
welche erforderlich ist, um die Flüssigkeit von Zimmertemperatur
auf die Verdampfungstemperatur zu erhitzen.

Bezeichnung	Temperatur des Dampfes	Verdampfungswärme
Rohöle und Petroleum . . .	—	130 bis 190 (total)
Schwerbenzin.	91 bis 95°	79.6
Benzin.	92°	74
Benzol.	80.1°	92.91
Toluol	110.8°	83.55
Alkohol	78.1°	205.07

Literatur: Landolt-Börnstein, Physikalisch-chemische Tabellen, S. 161 ff. — Neumann, (Z. Ver. Deutsch. Ing.), S. 330 ff. — Holde, Untersuchung der Mineralöle und Fette 3. Aufl., S. 14 ff.

Sechstes Kapitel.

Die Untersuchungsmethoden der flüssigen Brennstoffe.

1. Allgemeines und Probenahme.

Eine eingehende Behandlung aller hier in Frage kommenden Untersuchungsmethoden würde den Rahmen dieses Buches weit überschreiten. Es sollen daher nur diejenigen Methoden kurz beschrieben werden, die für die Verwendung der betreffenden Materialien als Heiz- oder Treiböle von direktem Interesse sind.

Die wichtigsten Bestimmungen dieser Art sind:

1. Spezifisches Gewicht,
2. Flammpunkt,
3. Viskosität,
4. Erstarrungspunkt,
5. Siedeanalyse,
6. Wassergehalt,
7. Schmutzgehalt (Unlösliches).
8. Aschengehalt,
9. Elementaranalyse,
10. Heizwert,
11. Schwefelgehalt,
12. Naphthalingehalt,
13. Asphaltgehalt.

Wer sich eingehender über die Untersuchungsmethoden der in Frage kommenden Produkte unterrichten will, sei auf die vorzüglichen Werke von Holde „Untersuchung der Mineralöle und Fette", Kißling, „Laboratoriumsbuch für die Erdölindustrie", Gräfe, „Laboratoriumsbuch für die Braunkohlenteerindustrie" und Spilker, „Kokerei und Teerprodukte der Steinkohle" hingewiesen.

Probenahme. Die Wichtigkeit einer richtigen Probenahme auch bei einem so gleichmäßigen Material, wie es die flüssigen

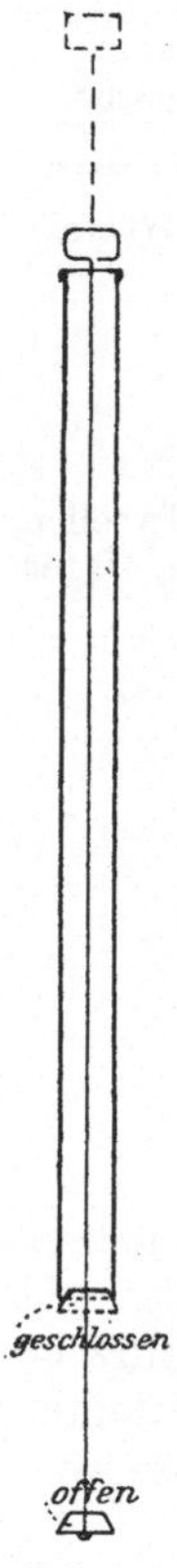

Brennstoffe sind, darf nicht unterschätzt werden, denn die genaueste Analyse ist nutzlos, wenn die untersuchte Probe nicht dem Durchschnittsgehalt des betreffenden Öls entspricht.

Hat man sich überzeugt, daß das Material frei von Verunreinigungen wie Wasser, Schmutz, Schlamm oder dergleichen ist, so sind besondere Vorsichtsmaßregeln bei der Probenahme nicht erforderlich. Ist dies jedoch nicht der Fall, so richtet man sich bei der Probenahme von dünnflüssigen Substanzen nach den im Anhang an erster Stelle wiedergegebenen Anweisungen (Siehe S. 133ff). Ein einfacher Apparat zur Entnahme eines genauen Durchschnittsmusters aus größeren Behältern wird auch von P. M. Edmund Schmitz[1] beschrieben. Liegen dickflüssige Substanzen, wie z. B. Teere vor, so verfährt man nach Anleitung der „Kommission f. d. Lehr- u. Versuchsanstalt d. Deutsch. Ver. v. Gas- u. Wasserfachmännern"[2] wie folgt:

„Bei der Entnahme von Teerproben aus Gruben oder Zisternenwagen ist zu beachten, daß der Teer in seiner Zusammensetzung in verschiedenen Höhen verschieden sein kann und bezüglich seines Wassergehalts fast stets ist. Man hat daher die Probe mit Hilfe eines Stechhebers zu entnehmen, der aus einem etwa 5 bis 10 cm weiten Rohr besteht. Das Rohr wird langsam durch den Teer nach abwärts bewegt; es kann unten durch eine Platte verschlossen werden, die nach dem Durchstoßen der Teerschicht an einer Schnur gegen die untere Öffnung herangezogen wird. Teerproben sind stets in einer Menge von etwa 10 kg einzusenden."

Als Stechheber kann der von Senger[3] beschriebene Apparat, Abb. 31, gute Dienste leisten.

Abb. 31. Stechheber nach Senger.

2. Spezifisches Gewicht.

Die Bestimmung des spezifischen Gewichts erfolgt am einfachsten mittels Aräometers.

Die amtlich geeichten Normalthermoaräometer, die in Sätzen für leichte, mittlere und schwere Mineralöle in den Handel kommen, geben die genauesten Werte. Diese Aräometer sind am

---

[1] Zeitschrift Petroleum IX. Jahrgang, S. 978.
[2] Journ. f. Gasb. u. Wasserv. 1911, S. 696.
[3] Journ. f. Gasb. u. Wasserv. 1902, S. 841.

unteren Ende als Thermometer ausgebildet, auf denen die Temperatur des zu prüfenden Öls direkt abgelesen werden kann. Die Umrechnung auf die Normaltemperatur von $+15°$ erfolgt nach der von Mendelejeff ausgearbeiteten Korrekturtabelle.

Korrekturtabelle nach Mendelejeff.

Für spez. Gewicht	Korr. pro 1° C Temperaturunterschied	Für spez. Gew.	Korr. pro 1° C Temperaturunterschied
von 0.700—0.720	0.000820	von 0.860—0.865	0.000700
„ 0.720—0.740	0.000818	„ 0.865—0.870	0.000692
„ 0.740—0.760	0.000800	„ 0.870—0.875	0.000685
„ 0.760—0.780	0.000790	„ 0.875—0.880	0.000677
„ 0.780—0.800	0.000780	„ 0.880—0.885	0.000670
„ 0.800—0.810	0.000770	„ 0.885—0.890	0.000660
„ 0.810—0.820	0.000760	„ 0.890—0.895	0.000650
„ 0.820—0.830	0.000750	„ 0.895—0.900	0.000640
„ 0.830—0.840	0.000740	„ 0.900—0.905	0.000630
„ 0.840—0.850	0.000720	„ 0.905—0.910	0.000620
„ 0.850—0.860	0.000710	„ 0.910—0.920	0.000600

Für je ein Grad Temperaturdifferenz der Versuchstemperatur gegenüber der Normaltemperatur hat man den in der Tabelle angegebenen Wert zu addieren, wenn die Versuchstemperatur höher als 15° C ist, bzw. zu subtrahieren, wenn sie niedriger als 15° C ist. Für pennsylvanisches Erdöl und dessen Destillationsprodukte ist von der Normal-Eichungskommission eine Tabelle ausgearbeitet worden (Verlag von Julius Springer in Berlin), aus der man die korrigierten Werte direkt entnehmen kann.

Bei der Bestimmung des spez. Gewichts mittels Aräometers ist zu beachten, daß das Verhältnis zwischen dem Durchmesser des Glaszylinders, der das zu prüfende Öl aufnimmt, und dem Durchmesser des Aräometers ein angemessenes ist. Man nimmt für die Normalthermoaräometer Glaszylinder von 5—6 cm Weite. Für die kleineren Normaläraometer ohne Thermometer, die zur Anwendung kommen, wenn nur kleinere Ölmengen zur Verfügung stehen, finden Glaszylinder von 3—3.5 cm Durchmesser Verwendung.

Der Glaszylinder muß bei der Ablesung senkrecht stehen, damit die Spindel vollständig frei in der Mitte schwebt. Man erreicht dies dadurch, daß man den Zylinder auf eine durch drei Stellschrauben verstellbare Glasplatte stellt oder eine kardanische Aufhängung benutzt.

Abb. 32 zeigt Normalthermoaräometer auf Dreifuß.

Abb. 33 zeigt kleines Normaläraometer ohne Thermometer, ca. 16 cm lang, in kardanischer Aufhängung.

Damit das Aräometer sicher die Temperatur des Öls annimmt, beläßt man es vor dem Ablesen ca. $^1/_4$ Stunde darin.

Für die Ablesung des spez. Gewichts ist diejenige Stelle der Spindelskala maßgebend, an der die ebene Fläche des Öls die Skala schneidet. Da sich aber das Öl infolge der Oberflächenspannung an dem Aräometer hochzieht und einen Meniskus bildet, siehe Abb. 34, muß man diese Schnittlinie durch Schätzung

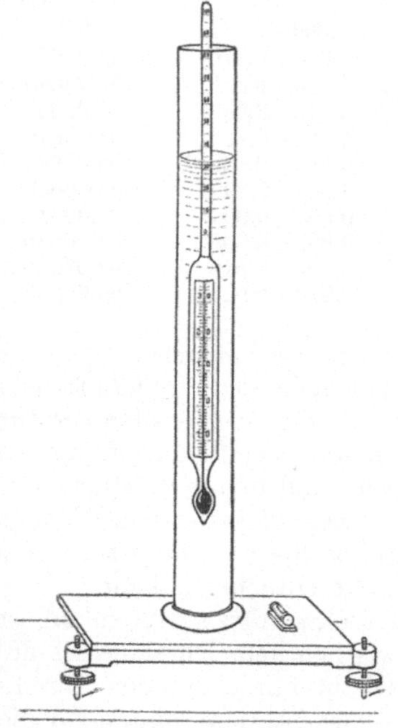

Abb. 32. Normalthermoaräometer
auf Dreifuß.

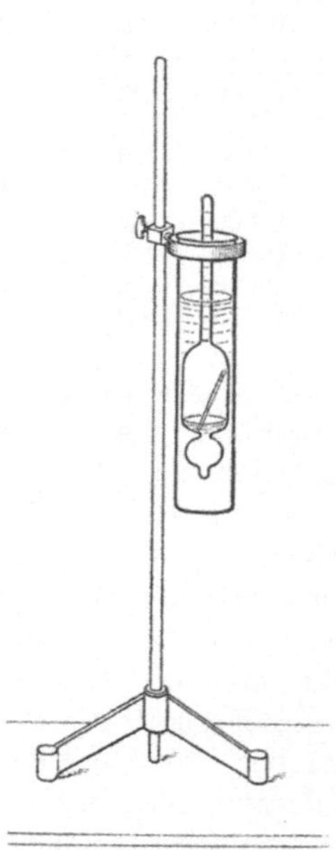

Abb. 33. Normal-
aräometer in kardanischer
Aufhängung.

ermitteln. Am besten bringt man zu diesem Zwecke das Auge in eine solche Höhe, daß man von unten gegen den Flüssigkeitsspiegel sieht; die Grenzlinie ist dann am genauesten ablesbar. Bei dunklen Ölen, bei denen dieses Verfahren nicht anwendbar ist, liest man am oberen Wulstrande ab und addiert 0.0015 oder 0.0010 zu dem gefundenen Gewicht hinzu, je nachdem die Papierskala kleiner oder größer als 16 cm ist.

Liegen nur geringe Mengen Öl zur Untersuchung vor, so bedient man sich der Mohr-Westfalschen Wage, Abb. 35, oder des Pyknometers, Abb. 36.

Das abgebildete Pyknometer stellt die bewährteste Form dieser Instrumente dar. Es ist mit Thermometer und Steigrohr versehen und wird in Größen von 10—50 ccm Inhalt geliefert. Das Pyknometer wird zunächst leer gewogen (Gewicht a g), dann mit Wasser von 15° C (Gewicht b g). $b - a$ stellt den Wasserwert bzw. das Volumen des Pyknometers dar.

Nun füllt man nach sorgfältiger Austrocknung das vorher auf einige Grad unter 15° C gebrachte Öl in das Pyknometer ein, wobei man darauf achtet, daß das Öl keine Luftblasen enthält, und daß man das Thermometer so einsetzt, daß keine Luftblase im Gefäß zurückbleibt. Darauf läßt man die Temperatur langsam auf 15° steigen, wischt in dem Augenblick, wo diese Temperatur erreicht ist, die überstehende Ölkuppe vom Steigrohr ab, verschließt dieses mit der Glaskappe und säubert das Pyknometer äußerlich, indem man es vorsichtig mit den Fingerspitzen am Halse (nicht am Gefäßbauch) anfaßt.

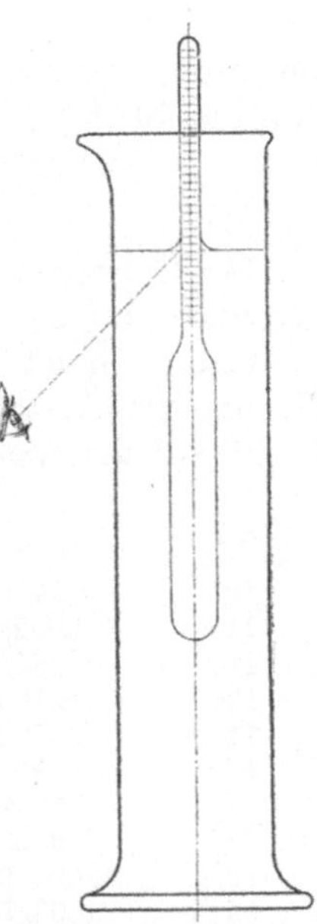

Abb. 34. Ablesung eines Aräometers.

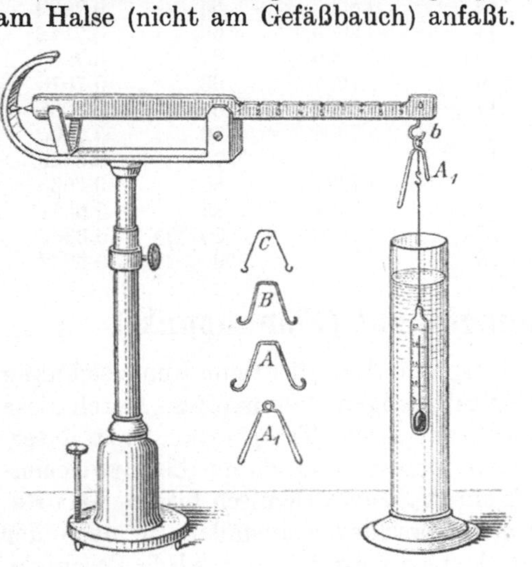

Abb. 35. Mohr-Westfalsche Wage.

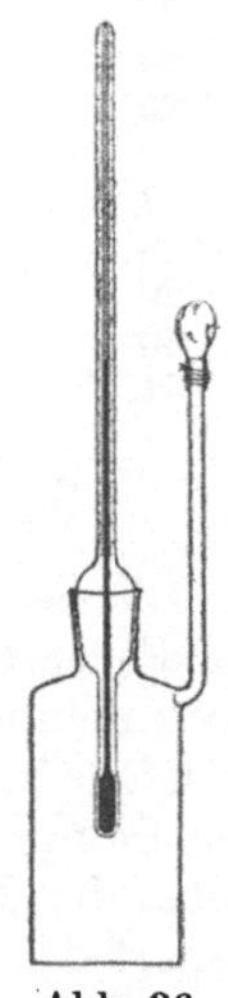

Abb. 36. Pyknometer (aus Holde, Mineralöle).

Die dritte Wägung des jetzt mit Öl gefüllten Pyknometers möge c g Gewicht ergeben, dann ist das spezifische Gewicht des Öls bei 15° C

$$d = \frac{c - a}{b - a}$$

Der Gebrauch der Mohrschen Wage muß als bekannt vorausgesetzt werden.

Häufig findet man die spezifischen Gewichte von Ölen nach Beaumégraden angegeben. Diese können nach folgender Tabelle leicht auf die spezifischen Gewichte umgerechnet werden.

Grade Beaumé	Dichte	Grade Beaumé	Dichte	Grade Beaumé	Dichte
10	1.0000	32	0.8641	54	0.7608
11	0.9929	33	0.8588	55	0.7567
12	0.9859	34	0.8536	56	0.7526
13	0.9790	35	0.8484	57	0.7486
14	0.9722	36	0.8433	58	0.7446
15	0.9655	37	0.8383	59	0.7407
16	0.9589	38	0.8333	60	0.7368
17	0.9523	39	0.8284	61	0.7329
18	0.9459	40	0.8235	62	0.7290
19	0.9395	41	0.8187	63	0.7253
20	0.9333	42	0.8139	64	0.7216
21	0.9271	43	0.8092	65	0.7179
22	0.9210	44	0.8045	66	0.7142
23	0.9150	45	0.8000	67	0.7106
24	0.9090	46	0.7954	68	0.7070
25	0.9032	47	0.7909	69	0.7035
26	0.8974	48	0.7865	70	0.7000
27	0.8917	49	0.7821	75	0.6829
28	0.8860	50	0.7777	80	0.6666
29	0.8805	51	0.7734	85	0.6511
30	0.8750	52	0.7692	90	0.6363
31	0.8695	53	0.7650 ·	95	0.6222

3. Entflammungspunkt (Flammpunkt).

Die Bestimmung des Flammpunktes dient zur Kennzeichnung der Feuergefährlichkeit eines flüssigen Brennstoffes. Durch diese Bestimmung wird ermittelt, auf welche Temperatur die zu untersuchende Flüssigkeit erwärmt werden muß, damit die entweichenden Dämpfe mit der Luft ein explosives Gemisch bilden. Das Resultat der Bestimmung muß verschieden ausfallen, je nach der Bauart des Apparates, in dem sie vorgenommen wird. Besonders große Unterschiede werden sich zeigen, wenn man die Probe einmal in einem geschlossenen, das andere Mal in einem offenen Behälter vornimmt. Im offenen Behälter werden durch den unver-

meidlichen Luftzug die Dämpfe zum Teil weggeführt und dadurch
der Flammpunkt höher ausfallen.

Zur Bestimmung des Flammpunktes stehen drei Apparate
zur Verfügung:

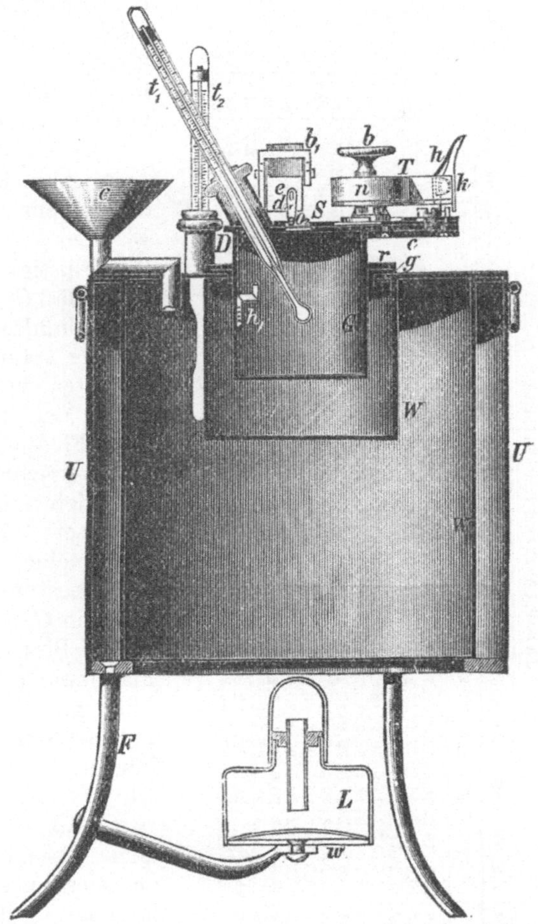

Abb. 37. Abelscher Petroleumprober (aus Holde, Mineralöle).

Der Abelsche Prober,
der Pensky-Martenssche Apparat,
der offene Tiegel.
Für die beiden ersten Apparate sind bestimmte Abmessungen
vorgeschrieben, um für amtliche Untersuchungen sowie für den

Tabelle 25.

Umrechnung des bei einem beliebigen Barometerstand gefundenen Entflammungspunktes auf den bei normalem Barometerstand ihm entsprechenden Entflammungspunkt (nach Holde).

Barometerstand in Millimetern

650	655	660	665	670	675	680	685	690	695	700	705	710	715	720	725	730	735	740	745	750	755	760	765	770	775	780	785
15.5	15.6	15.7	15.8	15.9	16.1	16.2	16.4	16.6	16.7	16.9	17.1	17.3	17.4	17.6	17.8	18.0	18.1	18.3	18.5	18.7	18.8	**19.0**	19.2	19.4	19.5	19.7	19.9
16.0	16.1	16.2	16.3	16.4	16.6	16.7	16.9	17.1	17.2	17.4	17.6	17.8	17.9	18.1	18.3	18.5	18.6	18.8	19.0	19.2	19.3	**19.5**	19.7	19.9	20.0	20.2	20.4
16.5	16.6	16.7	16.8	16.9	17.1	17.2	17.4	17.6	17.7	17.9	18.1	18.3	18.4	18.6	18.8	19.0	19.1	19.3	19.5	19.7	19.8	**20.0**	20.2	20.4	20.5	20.7	20.9
17.0	17.1	17.2	17.3	17.4	17.6	17.7	17.9	18.1	18.2	18.4	18.6	18.8	18.9	19.1	19.3	19.5	19.6	19.8	20.0	20.2	20.3	**20.5**	20.7	20.9	21.0	21.2	21.4
17.5	17.6	17.7	17.8	17.9	18.1	18.2	18.4	18.6	18.7	18.9	19.1	19.3	19.4	19.6	19.8	20.0	20.1	20.3	20.5	20.7	20.8	**21.0**	21.2	21.4	21.5	21.7	21.9
18.0	18.1	18.2	18.3	18.4	18.6	18.7	18.9	19.1	19.2	19.4	19.6	19.8	19.9	20.1	20.3	20.5	20.6	20.8	21.0	21.2	21.3	**21.5**	21.7	21.9	22.0	22.2	22.4
18.5	18.6	18.7	18.8	18.9	19.1	19.2	19.4	19.6	19.7	19.9	20.1	20.3	20.4	20.6	20.8	21.0	21.1	21.3	21.5	21.7	21.8	**22.0**	22.2	22.4	22.5	22.7	22.9
19.0	19.1	19.2	19.3	19.4	19.6	19.7	19.9	20.1	20.2	20.4	20.6	20.8	20.9	21.1	21.3	21.5	21.6	21.8	22.0	22.2	22.3	**22.5**	22.7	22.9	23.0	23.2	23.4
19.5	19.6	19.7	19.8	19.9	20.1	20.2	20.4	20.6	20.7	20.9	21.1	21.3	21.4	21.6	21.8	22.0	22.1	22.3	22.5	22.7	22.8	**23.0**	23.2	23.4	23.5	23.7	23.9
20.0	20.1	20.2	20.3	20.4	20.6	20.7	20.9	21.1	21.2	21.4	21.6	21.8	21.9	22.1	22.3	22.5	22.6	22.8	23.0	23.2	23.3	**23.5**	23.7	23.9	24.0	24.2	24.4
20.5	20.6	20.7	20.8	20.9	21.1	21.2	21.4	21.6	21.7	21.9	22.1	22.3	22.4	22.6	22.8	23.0	23.1	23.3	23.5	23.7	23.8	**24.0**	24.2	24.4	24.5	24.7	24.9
21.0	21.1	21.2	21.3	21.4	21.6	21.7	21.9	22.1	22.2	22.4	22.6	22.8	22.9	23.1	23.3	23.5	23.6	23.8	24.0	24.2	24.3	**24.5**	24.7	24.9	25.0	25.2	25.4
21.5	21.6	21.7	21.8	21.9	22.1	22.2	22.4	22.6	22.7	22.9	23.1	23.3	23.4	23.6	23.8	24.0	24.1	24.3	24.5	24.7	24.8	**25.0**	25.2	25.4	25.5	25.7	25.9

Entflammungspunkte nach Graden des hundertteiligen Thermometers

internationalen Verkehr vergleichbare Resultate erzielen zu können. Die Apparate werden von der Physikalisch-Technischen Reichsanstalt geeicht und von der Firma Sommer & Runge in den Handel gebracht.

Der Abelsche Prober, Abb. 37, besteht aus einem Wasserbad W, dem zur Aufnahme der Flüssigkeit dienenden Gefäß G, sowie dem Verschlußdeckel S. Der letztere trägt ein Thermometer zur Bestimmung der Temperatur der Flüssigkeit, eine Zündvorrichtung und ein Triebwerk, welches gestattet, das Zündflämmchen während einer bestimmten Zeitdauer in G einzusenken.

Die Bestimmung des Flammpunktes einer Flüssigkeit, z. B. einer Petroleumprobe, soll im folgenden näher beschrieben werden.

Gefäß G wird aus dem Apparat herausgenommen, auf einer genau horizontalen Platte aufgestellt und, nach Entfernung des Deckels, bis zur Marke h_1 mittels einer Pipette mit dem zu untersuchenden Petroleum gefüllt. Dabei ist zu vermeiden, daß die oberhalb der Marke befindlichen Gefäßwandungen mit der Flüssigkeit benetzt werden.

Unterdessen hat man das Wasserbad W durch Eingießen von

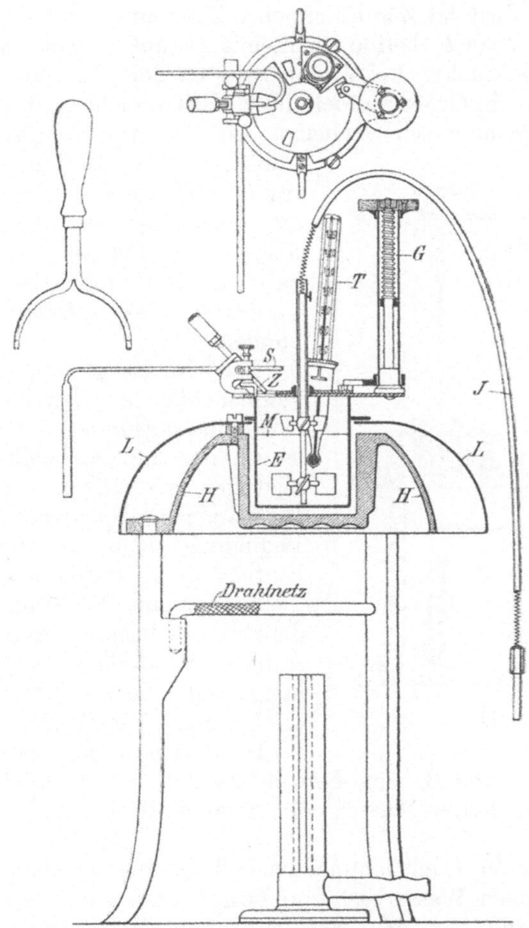

Abb. 38. Pensky-Martens-Prober (aus Holde, Mineralöle).

heißem Wasser in den Trichter C auf eine Temperatur von 55°C gebracht, die mittels des Spirituslämpchens L während des Probens aufrechterhalten wird.

Man setzt nun G mit Deckel in den in der Mitte von W eingelöteten Hohlraum ein, entzündet das Zündflämmchen, das durch entsprechendes Vor- und Rückwärtsschieben des Dochtes auf dieselbe Größe zu bringen ist wie die auf dem Deckel befindliche Vergleichsperle, und betätigt das Triebwerk jedesmal, wenn das Thermometer um einen halben Grad gestiegen ist. Durch das Triebwerk wird das Zündflämmchen 2 Sekunden lang in den oberhalb der Marke h_1 befindlichen, mit Dampfluftgemisch gefüllten Raum eingetaucht. Bei Annäherung an den Flammpunkt beobachtet man ein Größerwerden des Zündflämmchens, das von einer Art Aureole umgeben erscheint. Als Flammpunkt gilt derjenige Punkt, bei dem das blitzartige Auftreten einer größeren blauen Flamme, welche sich über die ganze freie Fläche des Petroleums ausdehnt, auftritt. Gewöhnlich ist damit ein Verlöschen des Zündflämmchens verbunden.

Der Abelsche Apparat dient hauptsächlich zur Bestimmung des Entflammungspunktes von Petroleum, der in Deutschland nicht niedriger als 21° C liegen darf. Erfüllt eine Petroleumsendung diese Bedingung nicht, so wird sie zur Einfuhr nicht zugelassen.

Für genaue Bestimmungen ist die Berücksichtigung des Barometerstandes erforderlich. Die Umrechnung auf Normalbarometerstand erfolgt nach Tabelle 25.

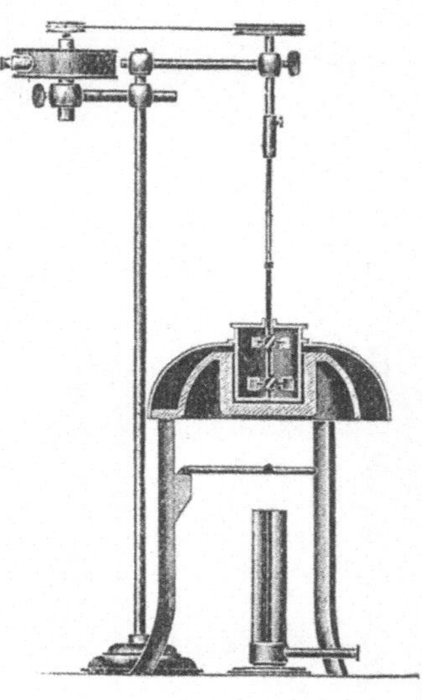

Abb. 39.

Bei Brennstoffen, die unter 21° C entflammen, wie Benzin, Benzol usw., muß das Gefäß G durch Einsetzen in kaltes Wasser oder Eiskochsalzmischung abgekühlt werden.

Bei über 50° C entflammenden Substanzen füllt man den Luftraum zwischen Wasserbad und Petroleumbehälter mit Mineralschmieröl und hält das Wasserbad auf einer Temperatur, die 15° C höher liegt, als der durch einen Vorversuch annähernd ermittelte Flammpunkt.

Man kann so Öle bis zum Flammpunkt von 80° testen.

Für höhere Temperaturen kommt der Pensky - Martenssche Apparat, Abb. 38, in Frage. Er zeigt prinzipiell dieselbe Anordnung, wie der Abelsche Apparat mit der Abänderung, daß die Erwärmung nicht durch ein Wasserbad, sondern durch direkte

Flamme bewirkt wird. Auch wird die Zündflamme nicht durch ein Triebwerk eingetaucht, sondern von Hand durch die Vorrichtung G. Um jede Überhitzung des Öls zu vermeiden, ist das

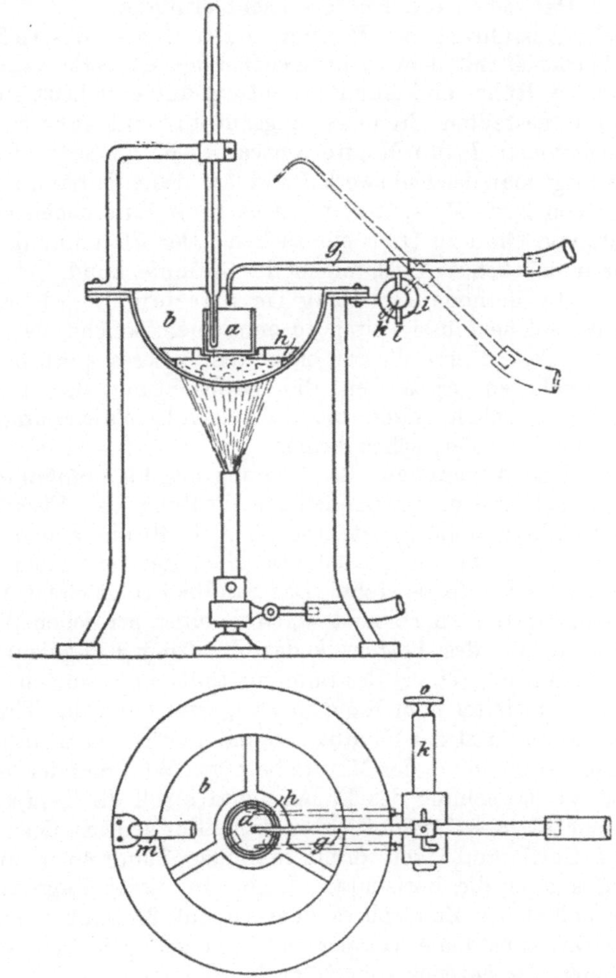

Abb. 40. Flammbestimmung im offenen Tiegel
(aus Holde, Mineralöle).

Gefäß E mit einem Rührwerk versehen, das durch eine biegsame Leitung von Hand betätigt wird.

Es kann auch nach einfacher Umänderung durch eine Raabesche Turbine oder einen Elektromotor angetrieben werden[1]) (siehe Abb. 39). Dies ist besonders dann zu empfehlen, wenn viele oder hochtestende Öle zu untersuchen sind, da die Hand durch das Hin- und Herdrehen des Rührers leicht ermüdet.

Zwecks Ausführung der Bestimmung füllt man das Gefäß E bis zur Marke M mit dem zu untersuchenden Öl, setzt dann den Deckel nebst Rühr- und Zündvorrichtung auf und heizt mittels des daruntergestellten Brenners langsam an, und zwar so, daß das Thermometer T pro Minute um ca. 4—6° ansteigt. Gleichzeitig betätigt man das Rührwerk J und läßt das Zündflämmchen Z zunächst von 2 zu 2°, später, wenn es beim Eintauchen größer erscheint, von Grad zu Grad eintauchen. Der Flammpunkt gibt sich durch deutliches Aufflammen der Dämpfe kund.

Die dritte Methode, Prüfung im offenen Tiegel, ist besonders für solche Flüssigkeiten zu empfehlen, welche, wie rohes Erdöl oder Teer, freies Wasser enthalten. Dieses stört bei den vorher erwähnten Apparaten die Beobachtung des Flammpunktes oft erheblich, indem der aufsteigende Wasserdampf die Zündflamme zum Verlöschen bringt.

Der übliche Apparat zur Bestimmung des Flammpunktes im offenen Tiegel, wie er gewöhnlich zur Prüfung von Eisenbahnölen Verwendung findet, besteht nach Abb. 40 aus einem 4 cm hohen und 4 cm weiten Porzellantiegel a, der mit einem Einsatz h in einem Sandbade steht. Das Sandbad trägt einen Arm m zum Festhalten des Thermometers, sowie einen seitlichen Ansatz i, an den mittels des Bolzens k das Zündrohr g angelenkt ist.

Bei Ausführung einer Bestimmung füllt man zunächst den Tiegel bis 1 cm unter dem Rand mit Öl, setzt dann das Thermometer ein und erhitzt das Sandbad so, daß der Temperaturanstieg nicht mehr als 4—6° in der Minute beträgt. Während der letzten 15 Grad vor Erreichung des Flammpunktes soll die Temperatur nicht mehr als 3—4° minutlich steigen. Zur jedesmaligen Prüfung auf Entflammbarkeit dreht man das Zündrohr g mittels des Griffes o in die horizontale Lage. In dieser Lage ist die Flammenspitze des Zündrohres dem Öl auf 2—3 mm genähert und bewirkt, sobald die Temperatur hoch genug ist, ein kurzes Aufflammen der entwickelten Dämpfe.

Brennpunkt.

Der Brennpunkt ist diejenige Temperatur, bei welcher die Oberfläche auf vorübergehende Annäherung einer Flamme an-

---

[1]) Schmitz (Chem.-Z. 1909, S. 1107).

dauernd brennt. Er liegt 20—60° oberhalb der Temperatur des Flammpunktes. Seine Bestimmung hat kein besonderes Interesse, da die Kenntnis des Flammpunktes genügt, um ein Urteil über eine bestimmte Ölsorte in bezug auf Brennfähigkeit zu erlangen.

4. Viskosität.

Die Viskosität oder Zähflüssigkeit ist der Quotient aus der Ausflußzeit von 200 ccm Öl bei der Versuchstemperatur und derjenigen von 200 ccm Wasser bei 20°. Als Apparat zur Bestim-

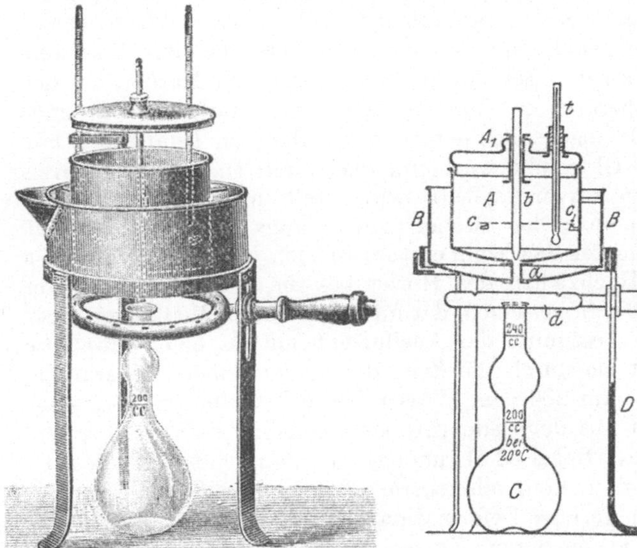

Abb. 41. Englersches Viskosimeter [Ansicht] (aus Holde, Mineralöle).   Abb. 42. Englersches Viskosimeter [Schnitt] (aus Holde, Mineralöle).

mung dieser Ausflußzeit ist in Deutschland allgemein der Englersche[1] (Abb. 41 u. 42) in Gebrauch. Dieser soll im nachstehenden beschrieben werden.

Er besteht aus einem Ausflußgefäß A, in welches in der Mitte des Bodens das aus Platin bestehende Ausflußröhrchen eingelötet ist. Gefäß A kann durch das umgebende Heizbad B auf die Versuchstemperatur erwärmt werden. Das Ausflußröhrchen wird

---

[1] Eine neue Viskosimeter-Konstruktion von Holde (Zeitschr. „Petroleum" XIII, Nr. 14, S. 509) vermeidet verschiedene Mängel des Englerschen Viskosimeters, so z. B. das breite Ölgefäß, das die Temperatureinstellung erschwert, und das unbequeme Einstellen des Ölniveaus auf die 3 Markenspitzen. Der Apparat befindet sich aber noch im Versuchsstadium.

durch einen Holzstab b verschlossen. Thermometer t dient zur Bestimmung der Versuchstemperatur.

Die Abmessungen des Apparats sind durch Vereinbarung zwischen der Physikalisch-Technischen Reichsanstalt, dem Kgl. Preuß. Materialprüfungsamt in Groß-Lichterfelde und der Badischen Prüfungs- und Versuchsanstalt in Karlsruhe genau festgesetzt. Die Richtigkeit der einzelnen Maße wird durch Eichung seitens der Physikalisch-Technischen Reichsanstalt in Charlottenburg bestätigt.

Zur Ausführung einer Bestimmung füllt man das Gefäß A, nachdem man es sorgfältig gereinigt und auf einer Platte genau horizontal aufgestellt hat, mit dem zu untersuchenden Öl so weit an, daß die an den Seitenwänden angebrachten Marken bei der Versuchstemperatur mit ihren Spitzen noch gerade sichtbar sind. Mittels des Heizbades, das je nach der verlangten Temperatur mit Wasser oder Öl gefüllt wird und das durch einen verstellbaren kranzförmigen Brenner geheizt wird, stellt man die gewünschte Versuchstemperatur her, wobei man anfangs durch Rühren mit dem Thermometer den Temperaturausgleich befördert. Nun gibt man durch Hochziehen des Holzstabes die Ausflußöffnung frei und läßt 200 ccm in einen darunter gestellten Meßkolben auslaufen. Man bestimmt die Ausflußzeit mittels einer Stoppuhr und dividiert sie durch die Zeit, die in demselben Apparat erforderlich ist, um 200 ccm Wasser bei 20° ausfließen zu lassen. Diese Zeit ist aus dem jedem Apparat beigefügten Eichschein ersichtlich (in der Regel 52 Sekunden). Es empfiehlt sich, dieselbe von Zeit zu Zeit zu kontrollieren, da die Genauigkeit der Messungen bereits durch geringe Deformation der Ausflußdüse stark beeinträchtigt wird. Zu diesem Zwecke muß der Apparat durch sorgfältige Reinigung mit Benzol, Alkohol und Äther derart von jeder Spur von Öl gesäubert werden, daß das Wasser vollkommen netzt. Dauerte also die Auslaufzeit des Öls 3 Minuten und 28 Sekunden, so ist die Viskosität gleich $208 : 52 = 4$ Englergrade.

Alle zur Untersuchung gelangenden Öle müssen vorher durch ein Sieb von 0,3 mm Maschenweite gegeben werden, um Verunreinigungen, welche das Platinröhrchen verlegen können, zurückzuhalten.

Als geeignete Versuchstemperaturen müssen 20, 50 und 80° C bezeichnet werden. Die Bestimmung bei letzterer Temperatur ist besonders deshalb zu empfehlen, weil sie der in der Düse des Dieselmotors herrschenden entspricht[1]). Die erhaltenen Werte können

---

[1]) Rieppel (Z. Ver. deutsch. Ing. 1907, S. 615).

zu einer Kurve vereinigt werden, aus der die Ausflußzeiten für alle dazwischen liegenden Wärmegrade entnommen werden können.

Zur Bestimmung der Zähflüssigkeit von Petroleum und anderen leichtflüssigen Destillaten dient ein dem Englerschen ähnliches, von Ubbelohde konstruiertes Viskosimeter, auf dessen Beschreibung verzichtet werden kann, da man bei Brennstoffen, deren Leichtflüssigkeit augenscheinlich ist, nur selten genaue Zähflüssigkeits-Bestimmungen ausführt.

5. Erstarrungspunkt.

Zur Prüfung des Verhaltens eines Öls in der Kälte muß dasselbe ohne Erschütterung abgekühlt werden, da durch Bewegung die gebildeten netzartigen Paraffin- und Pechausscheidungen wieder zerstört werden. Die Abkühlungsdauer soll mindestens 1 Stunde betragen, da die Temperatur der Umgebung sich dem Öl nur langsam mitteilt und auch

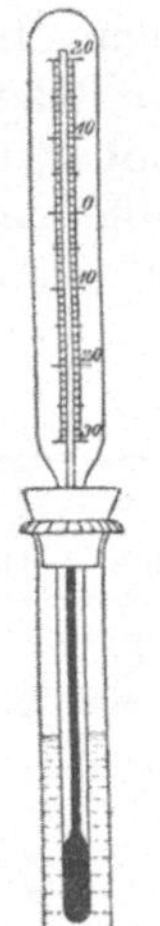

Abb. 43.
Reagenzglas
mit Thermo-
meter (aus
Holde,
Mineralöle).

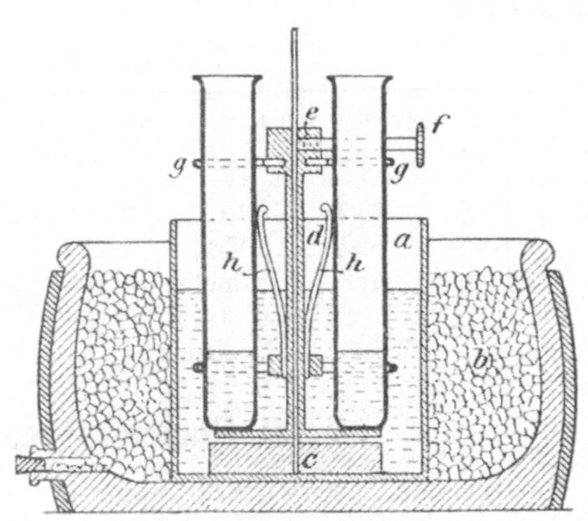

Abb. 44. Kältepunktprüfer (aus Holde, Mineralöle).

die Ausscheidung der Paraffinteilchen eine gewisse Zeit in Anspruch nimmt.

Es sind zur Bestimmung des Erstarrungspunktes verschiedene Verfahren ausgearbeitet worden, von denen aber hier nur ein einfaches für die Zwecke der Brennstoffuntersuchung genügendes beschrieben werden soll.

Zunächst muß durch einen Vorversuch festgestellt werden,

bei welcher Temperatur ungefähr das Öl erstarrt. Man füllt es zu diesem Zwecke in einen mit Thermometer versehenen Glaszylinder, Abb. 43, kühlt in einer Eis-Kochsalzmischung ab und prüft von Zeit zu Zeit durch Neigen des Glases, unter Herausnehmen aus der Kältemischung, auf Konsistenz. Ist so eine annähernde Erstarrungstemperatur gefunden, so bereitet man unter Zuhilfenahme der nachstehenden Tabelle 26 eine dieser Temperatur entsprechende Salzlösung und stellt diese unter Benutzung eines emaillierten Topfes in eine Eis-Kochsalzmischung (2 : 1).

Die zu untersuchenden Ölproben sind unterdessen in Reagenzgläser bis zu der in 3 cm Höhe angebrachten Marke eingefüllt worden. Die Gläser werden nun in die Salzlösung eingestellt und 1 Stunde lang sich selbst überlassen (Abb. 44). Nach Ablauf dieser Zeit prüft man die Konsistenz mittels eines hineingebrachten Glasstabes. Haftet der Glasstab so fest im Öl, daß das Reagenzglas beim Versuch, den Stab herauszuziehen mit angehoben wird, so bezeichnet man das Öl als dicksalbig bei der betreffenden Temperatur. Haftet der Glasstab nicht, so bezeichnet man es als dünnsalbig.

Tabelle 26.

| | Gefrierpunkte von Lösungen enthaltend in 100 Teilen Wasser: | | | | | | |
0°	—3°	—4°	—5°	—8.7°	—10°	—14°	—15 bis 15.4°
Eis	13 T. Kalisalpeter	13 T. Kalisalpeter u. 2 T. Kochsalz	13 T. Kalisalpeter u. 3.3 T. Kochsalz	35.8 T. Chlorbarium	22.5 T. Chlorkalium	20 T. Salmiak	25 T. Salmiak

6. Siedeanalyse.

Die Siedeanalyse wird in jeder der für die Erzeugung von flüssigen Brennstoffen in Frage kommenden Industrien nach einem anderen Verfahren ausgeführt. Die Annahme einer Einheitsmethode ist in absehbarer Zeit nicht zu erwarten, weil die durch die Natur der verschiedenen Brennstoffe bedingten Schwierigkeiten ganz erheblich sind. Da es nun bei der Wertbestimmung eines Brennstoffes vorteilhaft ist, die in seiner Herkunfts-Industrie üblichen Methoden zur Untersuchung heranzuziehen, so sollen im folgenden die einzelnen Destillationsverfahren beschrieben werden.

Zur Untersuchung der Produkte der Erdölindustrie empfiehlt der „Deutsche Verband für Materialprüfungen der Technik" den in Abb. 45 u. 46 wiedergegebenen Apparat für kontinuierliche Destillation nach Ubbelohde, Die Anwendung dieses Apparates bedeutet gegenüber dem älteren Englerschen Verfahren eine große Zeitersparnis insofern, als die Destillation hier kontinuierlich vor sich geht, während sie bei dem Englerschen Verfahren „unterbrochen" ist. Da der ältere Englersche Apparat noch vielfach im Gebrauch ist, so sei darauf hingewiesen, daß sich die Ergebnisse der Destillation nach den beiden Methoden nicht direkt miteinander vergleichen lassen.

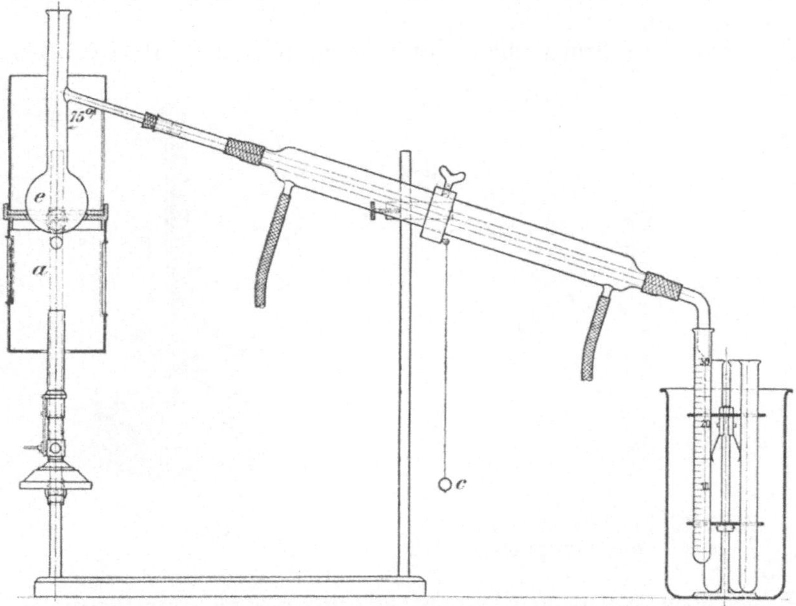

Abb. 45. Apparat zur Siedeanalyse nach Engler-Ubbelohde.

Nach Ubbelohde (Mitteilungen a. d. Königl. Materialprüfungsamt 1907, H. 5, S. 264) sind die Destillatmengen bei der älteren Destillationsmethode nach Engler etwa 8—12% größer als bei der ununterbrochenen Destillation.

Der Ubbelohdesche Apparat[1]) zur Ausführung der Siedeanalyse besteht aus einem Englerkolben e von bestimmten Abmessungen, einem Kühler und einer Anzahl von graduierten Vorlagen, die auf einem Gestell drehbar angeordnet sind. Der Kolben steht in einem Ofen, der den Zweck hat, die von einem untergestellten

---

[1]) Verfertiger: Sommer & Runge, Berlin, Wilhelmstraße 122.

Bunsenbrenner erzeugte Wärme möglichst gleichmäßig auf den Inhalt des Kolbens zu verteilen und dadurch ein ruhiges gleichmäßiges Sieden zu erzielen. Der Brenner ist fein regulierbar eingerichtet, Gas- und Luftzufuhr werden gleichzeitig durch einen mit Skala versehenen Hahn geregelt.

Eine sehr feinfühlige Regulierung gestattet auch die vom Verfasser[1]) angegebene Konstruktion (Abb. 47), bei der die Hahnverstellung und damit die Regelung der Destillationsgeschwindigkeit durch Vorwärts- oder Rückwärtsdrehen einer Schraube bewirkt wird.

Zur Ausführung einer Bestimmung füllt man 100 ccm (bei

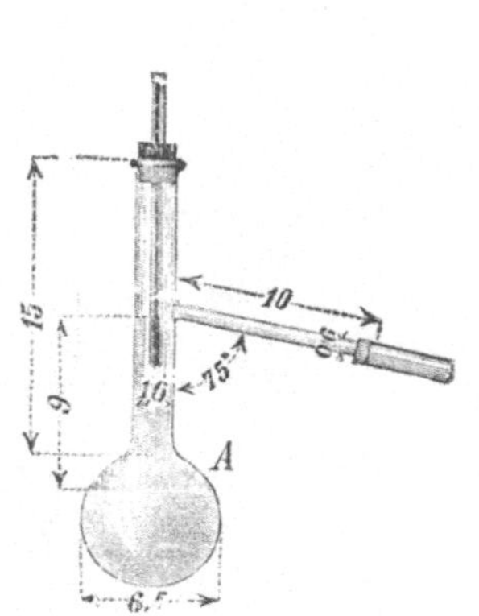

Abb. 46. Englerscher Kolben.
(aus Holde, Mineralöle).

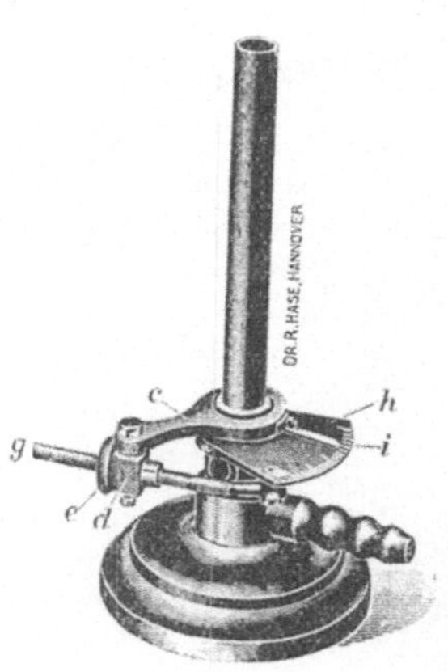

Abb. 47.

sehr hoch siedenden Ölen nur 80 ccm) des zu untersuchenden Öls in den Kolben ein. Dann entzündet man die Flamme und bringt die Flüssigkeit langsam auf die Siedetemperatur. Sobald der erste Tropfen vom Kühlerende abfällt, liest man das Thermometer, dessen Kugel die in Abb. 46 angedeutete Stellung haben muß, ab und bezeichnet diesen Punkt als Siedebeginn. Die weitere Destillation leitet man durch vorsichtiges Regulieren der Flamme so, daß in der Sekunde 2 Tropfen fallen. Das am Apparat angebrachte halbe Sekunden schlagende Pendel c erleichtert die Regulierung der Destillationsgeschwindigkeit. Die Vorlagen wechselt man beim Erreichen der Temperaturen:

$$150,\ 200,\ 250,\ 275,\ 300°$$

---

[1]) Chem. Ztg. 1910, Nr. 2, S. 11.

und liest am Schluß der Bestimmung die erzielten Destillatmengen, auf halbe Prozente abgerundet, ab.

Der Apparat kann benutzt werden zur Destillation von Erdöl und seiner Verarbeitungsprodukte. Ist das Öl wasserhaltig, so muß es zunächst durch Behandeln mit Chlorcalcium von diesem befreit werden, da sonst heftiges Stoßen und Überschäumen auftritt. Auch für Benzin ist der Apparat nach den Beschlüssen des „Deutschen Verbandes für die Materialprüfungen der Technik" bei gewöhnlichen Analysen verwendbar.

Für zolltechnische Prüfungen ist der nachstehend beschriebene Apparat vorgeschrieben, doch steht nach den Beschlüssen der

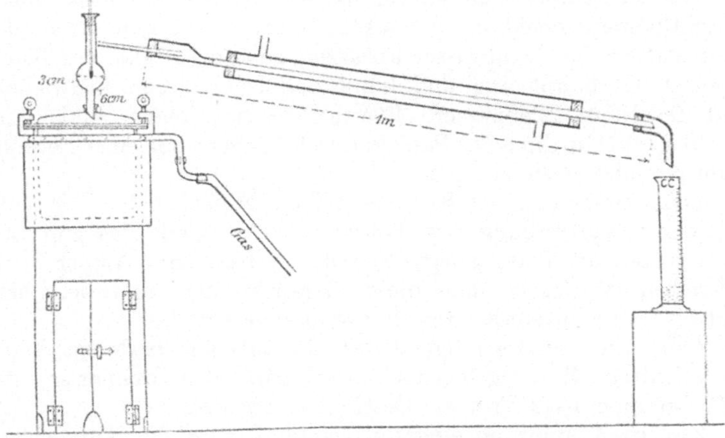

Abb. 48. Apparat zur Teerdestillation nach Senger
(Journ. f. Gasbel. u. Wasserv. 1902).

Internationalen Petroleumkommission[1]) zu erwarten, daß in absehbarer Zeit auch hier der Apparat von Ubbelohde Eingang findet.

Für die Ausführung der **Siedeanalyse von Teer** ist ein bestimmtes Übereinkommen nicht getroffen, trotzdem wegen der bei der Teerdestillation auftretenden Schwierigkeiten gerade hier eine einheitliche Methode wünschenswert wäre.

Von den vielen in der Literatur vorgeschlagenen Verfahren soll hier nur dasjenige von Senger (Journal f. Gasb. u. Wasserv. 1902, Nr. 45, S. 841) angegebene, das sich durch besondere Zweckmäßigkeit und Einfachheit auszeichnet, beschrieben werden.

Der Apparat von Senger (Abb. 48) besteht aus einer ca. 1 l

---

[1]) Zeitschr. „Petroleum", 17. Jan. 1912, Nr. 8, S. 403.

fassenden Kupferblase von 12 cm Höhe und 13 cm Durchmesser, auf der ein abnehmbarer Deckel mit Klammern befestigt ist. Zwischen Blase und Deckel befindet sich als Dichtung ein Papp- oder Asbestring, der noch zweckmäßig mit einem Kitt aus Leinöl und Kreidepulver bestrichen wird. Die Blase hängt in einem Ofen, welcher oben einen doppelten Mantel und unten ein Türchen, sowie Öffnungen für den Luftzutritt besitzt. Durch die Öffnung im Deckel können die Dämpfe in den Kugelaufsatz, der das Thermometer trägt, und von da aus in den Kühler entweichen. Sie werden nach erfolgter Kondensation in einem Meßzylinder aufgefangen.

Da der Kühler sich häufig während der Destillation durch Naphthalinausscheidung verstopft, muß man gegen Ende der Destillation das Kühlwasser ablassen, oder man läßt den Kühlmantel überhaupt weg und kühlt das Rohr durch Umwickeln mit feuchtem Fließpapier. Etwaige Verstopfungen sind dann leicht nach Abnahme des Papiers durch Fächeln mit einer Flamme zum Schmelzen zu bringen.

Die Erwärmung des Kolbens erfolgt zunächst bis zur vollständigen Vertreibung des Wassers allein durch das um den oberen Teil der Blase gelegte Gasrohr. Sobald alles Wasser übergetrieben ist, löscht man diesen Kranzbrenner und destilliert mittels eines untergesetzten Bunsenbrenners weiter.

Über die Geschwindigkeit der Destillation bestehen keine Vorschriften. Man regelt jedoch zweckmäßig den Brenner so, daß pro Sekunde 1—2 Tropfen Destillat übergehen.

Zwecks Ausführung einer Siedeanalyse wird die Kupferblase zur Hälfte mit Teer gefüllt und dann die Destillation, wie oben beschrieben, geleitet.

Ursprünglich ist der Apparat zur Bestimmung des Wassers im Teer gebaut und verhindert durch die eigenartige Anordnung der Erwärmung von oben das lästige Überschäumen und Stoßen aufs beste.

Stehen nur kleine Teermengen zur Verfügung, so benutzt man zweckmäßig einen Glaskolben in der Art des auf Seite 120 beschriebenen Englerschen Kolbens von ca. 200—250 ccm Inhalt, in den man 100 g Teer einfüllt. Man befestigt diesen Kolben freischwebend an einem Kühler so, daß man ihn von allen Seiten solange mit einer Flamme umfächeln kann, bis alles Wasser ausgetrieben ist. Diese Operation erfordert viel Geduld und Geschicklichkeit, wenn man Überschäumen verhindern will.

Als Siedegrenzen nimmt man die Temperaturen 170, 230, 270 und 320° an und erhält so

bis 170° Leichtöl,
170 „ 230° Mittelöl,
230 „ 270° Schweröl,
270 „ 320° Anthrazenöl.

Die **Siedeanalyse von Benzol** wird in dem in Abb. 49 wiedergegebenen Apparat ausgeführt, dessen Abmessungen durch Vereinbarung festgelegt sind. Die Anordnung geht aus der Abbildung deutlich hervor.

Zwecks Ausführung einer Bestimmung wird der kupferne Kolben mit 100 ccm der zu untersuchenden Flüssigkeit gefüllt und die Destillation so geleitet, daß in der Minute 5 ccm (also 2 Tropfen pro Sekunde) übergehen.

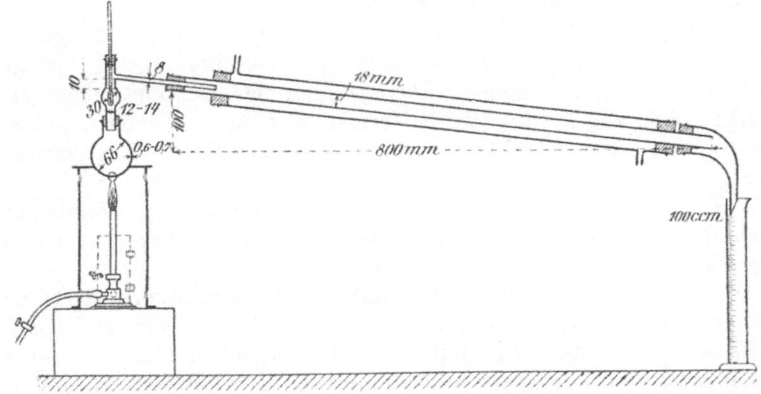

Abb. 49. Apparat zur Benzoldestillation (Muspratt) (aus Holde, Mineralöle).

Als Anfang der Destillation bezeichnet man den Temperaturgrad, bei welchem der erste Tropfen vom Kühlerende abfällt. Die Destillation gilt als beendet, wenn 90 bzw. 95 ccm überdestilliert sind. Bei ganz exakten Bestimmungen muß der Barometerstand berücksichtigt werden, was durch Verwendung eines besonders konstruierten Thermometers mit verstellbarer Skala geschieht (siehe Kraemer und Spilker, Muspratts Chemie, 4. Aufl., 8. Bd., S. 34/35).

Derselbe Apparat wird mit folgenden Abänderungen zur **Siedeanalyse von Teeröl** benutzt:

Der Kühlmantel für Wasserkühlung fällt weg; erforderlichenfalls ist anfangs mit feuchtem Fließpapier zu kühlen. Der Asbestring, der zur Unterstützung der Blase dient, erhält einen Ausschnitt von 60—65 mm statt 50 mm.

Das zu verwendende Thermometer soll eine Länge von 20 bis

30 cm besitzen und mit Teilung in ganze Grade von 0—360° versehen sein. Bei genauen Bestimmungen ist für den Teil des Quecksilberfadens, der aus dem Dampf herausragt, die Korrektur in bekannter Weise zu bestimmen und anzubringen.

Setzen sich bei leicht erstarrenden Ölen im Kühlrohr Naphthalin oder andere feste Körper ab, so sind sie sofort durch eine Hilfsflamme zum Abschmelzen zu bringen.

Als Siedebeginn gilt die Temperatur, bei der der erste Tropfen reinen Öles vom Kühlerende abfällt. Ferner wird die Temperatur, bei welcher 1% öliges Destillat übergegangen ist, festgestellt; auch wird das im Destillat mit übergegangene Wasser besonders abgelesen. Befinden sich im Destillat feste Abscheidungen, so sind sie durch Anwärmung zu lösen.

Endlich wird die Menge des von 20 zu 20° übergegangenen Destillats bis zu einer Höchsttemperatur von 300° in der Vorlage abgelesen und angegeben. Das Ablesen der Destillatmenge erfolgt, ohne die Flamme zu entfernen oder zu verkleinern, jedesmal dann, wenn das Thermometer die betreffende Temperatur zeigt.

Zeigt das der Destillation zu unterwerfende Öl bei gewöhnlicher Temperatur Ausscheidungen, so ist es vor dem Abmessen durch gelindes Anwärmen zu verflüssigen.

Zur Ausführung der **Siedeanalyse von Braunkohlenteerölen** findet der Englersche Kolben (siehe Abb. 46) Verwendung[1]). Ein solcher Kolben wird mit einem Liebigschen Kühler, dessen Kühlrohr 75 cm lang ist und 20 mm lichte Weite hat, zu einem Destillationsapparat vereinigt. Das Kühlrohr soll mit der Horizontalen einen Winkel von 30° bilden. Zum Auffangen dient ein in 100 Teile geteilter Zylinder, in dem man das Destillat direkt in Volumenprozenten abliest.

Zwecks Ausführung einer Siedeanalyse füllt man 100 ccm Öl in den Kolben ein und destilliert mit einem Bunsenbrenner so, daß in der Sekunde 2 Tropfen abfließen. Als Siedebeginn gilt die Temperatur, bei welcher der erste Tropfen vom Kühler abfällt. Man liest das Gesamtdestillat von 50 zu 50° ab und geht mit der Temperatur nicht über 300° wegen der dann auftretenden Zersetzungserscheinungen.

7. Wassergehalt.

Zur Bestimmung des Wassergehalts in flüssigen Brennstoffen, mit Ausnahme von Teer, bedient man sich am besten der von

---

[1]) **Graefe**, Laboratoriumsbuch d. Braunkohlenteer-Industrie, S. 113.

Hofmann-Marcusson angegebenen Methode der Destillation mit Xylol.

100—200 ccm der Substanz werden mit dem gleichen Volumen Xylol gemischt und unter Zugabe von Bimssteinstückchen mit freier Flamme oder aus dem Ölbade destilliert (Abb. 50). Das Destillat wird in einer unten verjüngten graduierten Vorlage aufgefangen, in deren unterem Teil sich das mit dem Xylol überdestillierte Wasser sammelt und nach einigem Erwärmen scharf abgelesen werden kann. Man setzt die Destillation so lange fort, bis das ablaufende Xylol durch das Wasser nicht mehr milchig getrübt ist. Zur Bestimmung des Wassergehalts in Rohölen wird auch Destillation mit Benzin und Äthyläther[1] statt mit Xylol vorgeschlagen.

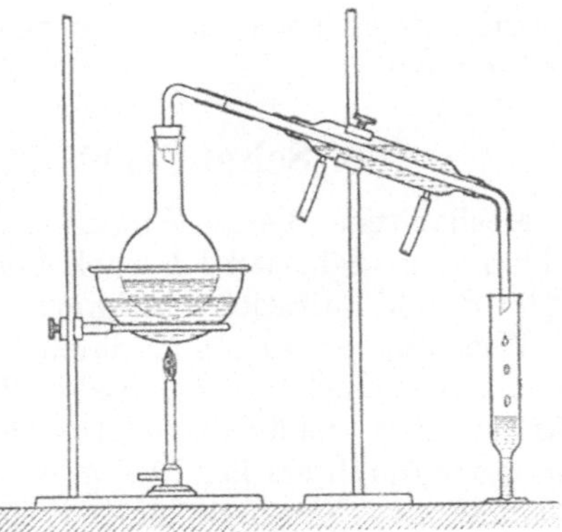

Abb. 50. Apparat zur Wasserbestimmung nach Hofmann - Marcusson (aus Holde, Mineralöle).

Ist der Wassergehalt von Teer zu bestimmen, so nimmt man entweder den bereits auf S. 121 beschriebenen Sengerschen Apparat oder man wählt das von Beck[2] angegebene Verfahren. (Abb. 51).

Dieses letztere besteht darin, daß man in einen Kolben, welcher auf 160° erhitztes wasserfreies Anthrazenöl enthält, eine gewogene Menge Teer mittels eines kupfernen Tropftrichters

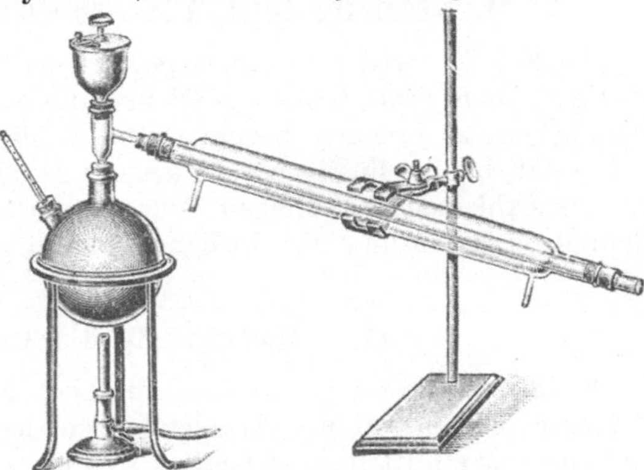

Abb. 51. Apparat zur Wasserbestimmung in Teer nach Beck (Chem.-Ztg. 1909).

---

[1] Zeitschr. f. angew. Chemie 1913, Aufsatzteil S. 381.
[2] Chem.-Ztg. 1909, S. 951.

nach und nach eintropfen läßt. Aus jedem in das heiße Anthrazenöl einfallenden Teertropfen wird auf diese Weise schnell das Wasser ausgetrieben, ohne daß es zu Stoßen und Überschäumen kommen kann.

8. Schmutzgehalt, Unlösliches.

Mechanische Verunreinigungen, wie Schmutz, Sand, Ton, Schlamm u. dgl., werden nach Lösung des Öls in Benzol oder Xylol durch Filtration bestimmt.

Man löst 5—10 g gut durchgeschüttetes Öl in 100—200 g Benzol oder Xylol — bei Teeröl 25 g in 25 ccm Xylol — und filtriert nach genügendem Absetzenlassen der ungelösten Bestandteile durch ein bei 105° getrocknetes gewogenes Filter. Die mechanischen Verunreinigungen bleiben auf dem Filter zurück und werden nach gründlichem Auswaschen durch Wägung bestimmt.

Sind bei dickflüssigen Ölen die letzten Ölreste schwer aus dem Filter zu entfernen, so empfiehlt es sich, das Filter mit dem Lösungsmittel im Soxhletschen Apparat zu extrahieren.

9. Aschengehalt, Unverbrennliches.

10—20 g Öl werden in einem gewogenen Porzellantiegel vorsichtig so lange erhitzt, bis das Öl bei Annäherung eines kleinen Flämmchens zu brennen beginnt. Die Erhitzung wird so lange fortgesetzt, bis die flüssigen Teile des Öls gänzlich verbrannt sind. Die zurückbleibenden kohligen Teile werden dann mit stärkerer Flamme verascht und der Aschenrückstand gewogen.

10. Elementaranalyse.

Die Elementaranalyse hat die Aufgabe, den Prozentsatz der Elemente Kohlenstoff und Wasserstoff in den organischen Verbindungen zu ermitteln, und bedient sich hierzu des sog. Verbrennungsverfahrens.

Eine abgewogene Menge des flüssigen Brennstoffs wird in einer zur Rotglut erhitzten Glasröhre im Sauerstoffstrome verbrannt. Die Verbrennungsprodukte Wasserdampf und Kohlensäure werden durch geeignete Absorptionsmittel aufgefangen und durch Wägung ermittelt.

Die Verbrennungsröhre ist mit körnigem Kupferoxyd zur Übertragung des Sauerstoffs beschickt, sowie mit einer Schicht

Bleichromat, um bei schwefelhaltigen Substanzen die Verbrennungsprodukte des Schwefels zurückzuhalten.

Die Absorptionsmittel Chlorkalzium und Phosphorsäureanhydrid zum Auffangen des Wassers, sowie Natronkalk zum Auffangen der Kohlensäure werden in sog. U-Röhrchen vor die Verbrennungsröhre vorgeschaltet und vor und nach der Verbrennung gewogen. Aus der Gewichtszunahme, welche Wasser und Kohlensäure anzeigt, läßt sich der Wasserstoff- und Kohlenstoffgehalt durch Rechnung ermitteln:

$$1 \text{ g Kohlensäure} = 0{,}2728 \text{ g Kohlenstoff,}$$
$$1 \text{ g Wasser} = 0{,}11199 \text{ g Wasserstoff.}$$

Die Differenz ergibt den Sauerstoff-, Stickstoff- und Schwefelgehalt.

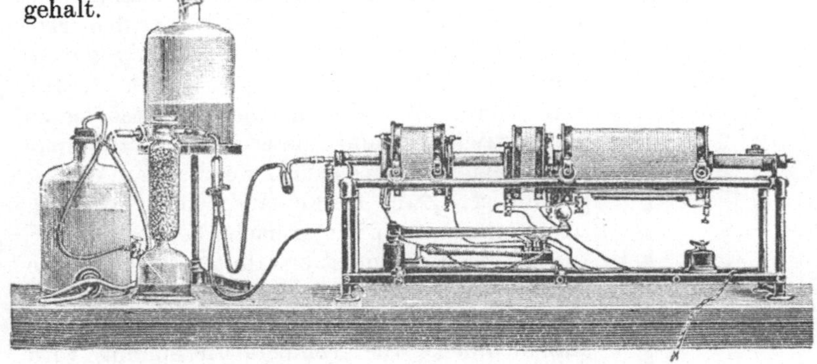

Abb. 52. Elektrischer Verbrennungsofen nach Heraeus, Hanau.

Die verschiedenen Verfahren zur Ausführung der Elementaranalyse können hier nicht beschrieben werden. Gut bewährt haben sich für die Elementaranalyse von flüssigen Körpern Verbrennungsöfen mit elektrischer Heizung, Abb. 52, welche eine ganz allmähliches Verdampfen der Flüssigkeit gestatten. Besonders bei leichtflüchtigen Substanzen ist auf eine sorgfältige Regulierung der Verbrennungsgeschwindigkeit Wert zu legen, weil sonst Dämpfe unverbrannt die Kupferoxydschicht passieren.

11. Heizwert.

Für die Heizwertbestimmung von flüssigen Brennstoffen kommt allein die kalorimetrische Methode in Frage. Die Berechnung nach der Verbandsformel

$$H_u = \frac{8100\,C + 29000 \left(H - \dfrac{O}{8} \right) + 2500\,S - 600\,W}{100}$$

gibt ungenaue Werte und sollte zur Heizwertbestimmung von flüssigen Brennstoffen nicht herangezogen werden.

Für die Ausführung der kalorimetrischen Heizwertbestimmung hat sich die Langbeinsche[1]) Modifikation der Berthelotschen Bombe mit säurefest emaillierten Einsatz gut bewährt. Abb. 53 zeigt einen Schnitt durch die eigentliche Verbrennungskammer, worin a einen Halter zur Befestigung des zur Aufnahme der Substanz dienenden Platinschälchens, b das Zuleitungsrohr für den verdichteten Sauerstoff und c ein isoliertes Platinrohr zur Zuleitung des elektrischen Stroms bedeutet.

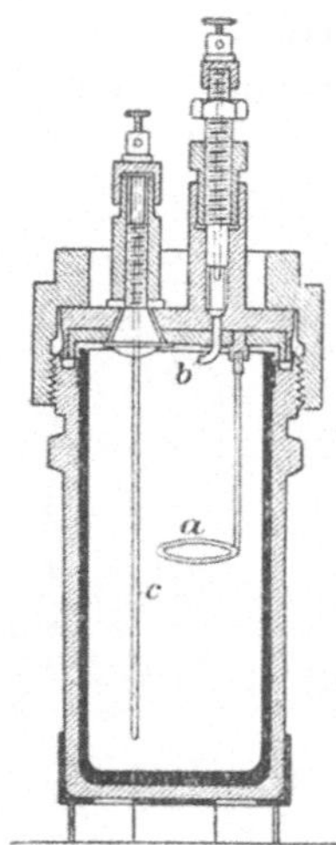

Abb. 53. Kalorimetrische Bombe nach Langbein.

Abb. 54 zeigt einen Schnitt durch das ganze Kalorimeter. Die Bombe steht in einem zylindrischen Gefäße aus Nickelblech, welches mit Wasser gefüllt ist. Um dasselbe vor dem Einfluß der Umgebung und vor Ausstrahlung möglichst zu schützen, steht es auf einem Dreifuß von Ebonit und Glas in einem zweiten leeren Messingzylinder und dieser wieder in einem großen Kupferdoppelgefäß, welches mit Wasser gefüllt ist. Zwei Deckel aus Ebonit od. dgl. schützen das Kalorimeter nach oben.

Das in dem zuerst erwähnten Nickelgefäße enthaltene Wasser hat die Aufgabe, die durch die Verbrennung der Substanz erzeugte Wärme aufzunehmen. Die Temperaturerhöhung wird durch ein langes „Beckmannsches" Thermometer, das in $^1/_{100}$ Grade geteilt ist und mit Hilfe einer Lupe $^1/_{1000}$ Grade abzulesen gestattet, gemessen. Die zum schnellen Temperaturausgleich erforderliche gründliche Durchmischung des Kalorimeterwassers wird durch einen auf und ab gehenden Rührer, der mittels eines Vorgeleges von Hand oder durch einen Elektromotor betätigt wird, besorgt.

Zur Ausführung einer Heizwertbestimmung wird ca. 1 g Substanz in das Platinschälchen eingewogen unter Zugabe von Asbest oder Zellulose, um ein Verspritzen der Flüssigkeit bei der Verbrennung zu verhindern. Um die Zündung des Öls einzuleiten, wird dann ein Baumwollenfaden von dem Platindraht aus, der zwischen a und c gespannt ist und der bei der Zündung durch den elektrischen Strom glühend wird, in die Flüssigkeit gehängt, die Bombe dann verschlossen und mit reinem Sauerstoff bis zu einem Druck von 25 Atm. gefüllt.

---

[1]) Chem.-Ztg. 1909, S. 1055.

Sind leicht verdampfbare Flüssigkeiten zu verbrennen, so füllt man diese zweckmäßig in eine Gelatinekapsel ein und zieht bei der Berechnung des Heizwertes denjenigen der Kapsel vom Gesamtheizwert ab.

Die so vorbereitete Bombe setzt man in das Kalorimetergefäß ein und setzt das Rührwerk in Bewegung. Dann bringt man den Brennstoff durch elektrische Zündung zur Verbrennung und liest die Temperatursteigerung des Kalorimeterwassers ab.

Diese Temperatursteigerung mit dem Wasserwert des Kalorimeters multipliziert ergibt den rohen Heizwert, an dem noch für Zündung usw. bestimmte Korrekturen, betreffs deren Berechnung auf Langbein[1]) verwiesen werden muß, anzubringen sind.

Der so ermittelte Heizwert ist der obere, d. h. er bezieht sich auf flüssiges Wasser als Endprodukt der Wasserstoffverbrennung. Da aber bei Feuerungsanlagen sowie bei Motoren der bei der Verbrennung entstehende Wasserdampf nicht kondensiert wird, sondern als solcher entweicht, so sind die aus der Kondensation resultierenden Wärmemengen — 600 WE pro

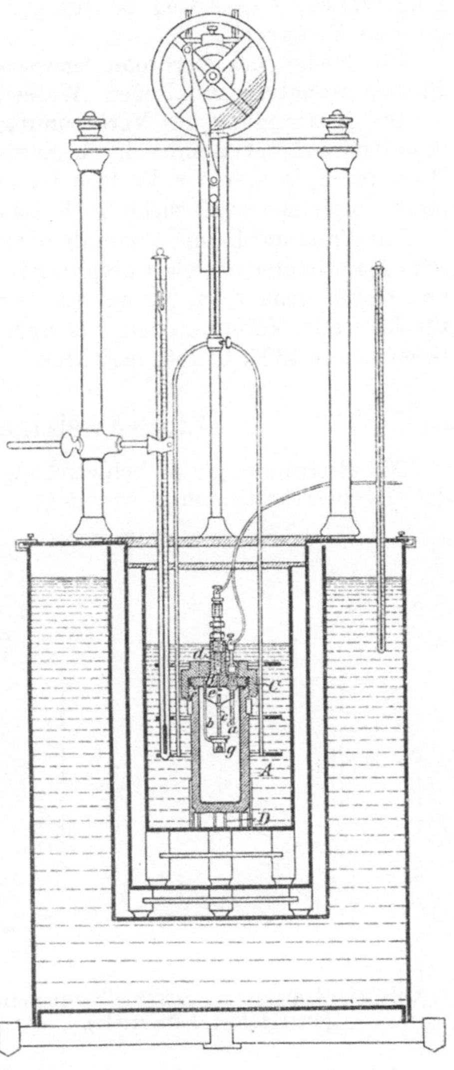

Abb. 54. Kalorimeter (aus König, Chemie III, 1).

---

[1]) Zeitschr. f. angew. Chemie 1900, S. 1230.

1 kg Wasser — in Abzug zu bringen. Man erhält so den sog. unteren Heizwert.

Die Menge des Verbrennungswassers wird aus dem bei der Elementaranalyse erhaltenen Wasserstoffgehalt berechnet.

Die Bestimmung des Verbrennungswassers durch Austreiben desselben aus der Bombe durch Erwärmung und Auffangen der Wasserdämpfe in einer Vorlage ist aus verschiedenen Gründen nicht empfehlenswert, siehe auch Langbein[1]).

Für direkt auf Lampen brennbare Öle kann auch das Junkerssche Kalorimeter, welches ursprünglich zur Heizwertbestimmung von Gasen gebaut ist, verwendet werden. Über das dabei einzuschlagende Verfahren hat Immenkötter, Journal für Gasbeleuchtung 1905, S. 736, berichtet.

12. Schwefelgehalt.

Die Bestimmung des Schwefelgehalts wird zweckmäßig mit der Heizwertbestimmung vereinigt. Bei der Verbrennung im

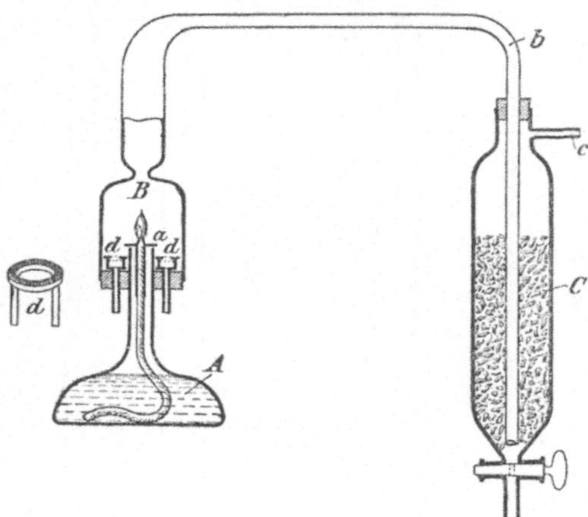

Abb. 55. Apparat zur Schwefelbestimmung (aus Holde, Mineralöle).

verdichteten Sauerstoff wird nämlich der im flüssigen Brennstoff enthaltene Schwefel glatt zu Schwefelsäure verbrannt. Diese löst sich im kondensierten Verbrennungswasser oder in einer vorher zugesetzten kleinen Wassermenge und wird nach dem bekannten Verfahren als Bariumsulfat bestimmt.

Bei Ölen mit sehr geringem Schwefelgehalt empfiehlt Lohmann[2]), die beim Öffnen der Bombe entweichenden Verbrennungsgase durch eine Natriumkarbonatlösung zu waschen, um nebelförmig mitgerissene Schwefelsäure zu absorbieren.

Für solche Brennstoffe, die ohne weiteres auf einer Lampe

[1]) Ebenda.
[2]) Chem.-Ztg. 1911, Nr. 120, S. 1119.

mit Docht brennbar sind, ist auch das nachfolgend beschriebene Verfahren von Heußler und Engler anwendbar, zumal die Möglichkeit, größere Substanzmengen zur Analyse bringen zu können, bei dem geringen Schwefelgehalt der in Frage kommenden Brennstoffe auf die Genauigkeit der Bestimmung einen günstigen Einfluß hat.

Das Verfahren besteht darin, daß eine abgewogene Menge Brennstoff in einer geeignet konstruierten Lampe verbrannt wird und die Verbrennungsgase mit einer Bromlösung gewaschen werden. Die Bromlösung absorbiert die Verbrennungsprodukte des Schwefels, die als Bariumsulfat zur Wägung gebracht werden.

Abb. 55 zeigt die zur Ausführung der Bestimmung erforderliche Apparatur.

A ist ein kleiner Brennstoffbehälter, der mit Docht und Dochthülse versehen ist. B der Lampenzylinder, der sich in dem angeschmolzenen Rohre b bis zum Boden des Absorptionsbehälters C fortsetzt. C ist der mit Glasperlen und Bromlösung beschickte Absorptionszylinder, c ein seitliches Ansatzrohr, das zu einer Wasserstrahlluftpumpe führt.

Zur Ausführung der Bestimmung wird A zunächst leer, dann mit Brennstoff gefüllt gewogen, darauf die Luftpumpe in Gang gesetzt und nach Entzünden der Flamme der Zylinder übergeschoben. Man reguliert den Luftstrom so, daß das Flämmchen, ohne zu rußen, brennt. Nachdem innerhalb ca. 5 Stunden 5—10 g Öl verbrannt sind, eine Menge, die bei Brennstoffen, die nicht einen abnorm niedrigen Schwefelgehalt haben, genügt, wird der Versuch beendet und in der Absorptionsflüssigkeit der Schwefel als Bariumsulfat bestimmt. Eine Abänderung dieser Methode, bei welcher das, bei der Verbrennung entstandene Schwefeldioxyd titrimetrisch bestimmt wird, beschreibt Ferd. Schulz[1]). Sie eignet sich besonders für technische Zwecke.

13. Naphthalingehalt.

Zur Bestimmung des Naphthalins in Steinkohlenteer oder Steinkohlenteerölen läßt man die beiden naphthalinhaltigen Fraktionen Mittelöl und Schweröl nach Kraemer und Spilker (Musprat IV, 8, S. 51) bei ca. 15° unter häufigem Umrühren 24 Stunden lang auskristallisieren und trennt mittels einer Nutsche das Öl von den Naphthalinkristallen. Letztere preßt man zwischen Fließpapier mittels einer kleinen Presse gründlich aus, so daß sie sich nicht mehr ölig anfühlen, und bringt den so erhaltenen Naphthalinkuchen zur Wägung.

---

[1]) Zeitschrift Petroleum, Jahrg. VIII, Nr. 9.

14. Asphaltgehalt.

Bei der Bestimmung des Asphaltgehalts im Rohöl und Teer muß man zwischen harten, hochschmelzenden, durch Benzin ausfällbaren und weichen, schon unter 100° schmelzenden, in Ätheralkohol unlöslichen Asphalten unterscheiden.

Zur Ermittlung der ersteren schüttelt man 2—5 g in einer großen Glasflasche von ca. 1 l Inhalt mit der 40fachen Volumenmenge Normalbenzin[1]) tüchtig durch — bei asphaltarmen Ölen sind 5—20 g Öl und entsprechend mehr Benzin anzuwenden. Nach mindestens eintägigem Stehenlassen wird die Lösung filtriert und der auf dem Filter verbleibende Rückstand so lange mit Benzin gewaschen, bis das ablaufende Filtrat keinen öligen Rückstand mehr gibt. Der Niederschlag wird dann mit Benzol wieder gelöst und nach Verdampfen des Lösungsmittels und Trocknen bei 100°·zur Wägung gebracht.

Zur Bestimmung des weichen Asphalts werden 5 g Öl bei + 15° C in der 25fachen Menge Äthyläther gelöst. Zu dieser Lösung wird unter langsamem Eintropfen aus einer Bürette und ständigem Schütteln das $12^{1}/_{2}$ fache Volumen an 96 gewichtsprozentigem Alkohol gegeben. Nach fünfstündigem Stehen bei 15° filtriert man und wäscht mit Alkoholäther (1 : 2) aus. Den Niederschlag löst man in Benzol, verdampft das Lösungsmittel und kocht den Rückstand zur Entfernung etwa vorhandenen Paraffins so lange mit je 30 ccm 96proz. Alkohol aus, bis die Auszüge nach Erkalten keine Paraffinniederschläge mehr geben. Dann trocknet man den Rückstand eine Viertelstunde lang bei 105° und bringt ihn zur Wägung.

---

[1]) Normalbenzin soll ein spez. Gewicht von 0.695—0.705 und einen Siedepunkt von 65—95° haben und kann durch C. A. F. Kahlbaum, Berlin C 25, bezogen werden.

Anhang.

Die Lieferungsbedingungen der Regierung der Vereinigten Staaten für den Kauf von Heizöl und Anleitungen zur Probenahme von Öl[1]).

Der Kauf von Heizöl.

Allgemeine Bedingungen.

1. Bei Beurteilung eines Kontrakts sind sowohl die Eigenschaften des vom Verkäufer offerierten Öles als der Preis desselben in Erwägung zu ziehen, und sollte es sich im Interesse der Behörde als zweckmäßiger erweisen, einen Kontrakt zu einem höheren Preise einzugehen, als der im niedrigsten Angebote offerierte ist, möge der Kontrakt auch in dieser Hinsicht so beurteilt werden.

2. Heizöl soll entweder ein natürliches, homogenes Öl oder ein homogener Rückstand eines natürlichen Öles sein. Im letzteren Falle sind alle niedrig flammenden Bestandteile durch Destillation zu entfernen.

Es soll nicht durch Zusammenmischen eines leichten Öles mit einem schweren Rückstand ein Öl derart hergestellt werden, daß hierdurch eine bestimmte, gewünschte Dichte erreicht wird.

3. Heizöl soll nicht bei einer so hohen Temperatur destilliert worden sein, daß es verbrannt wird, noch bei einer so hohen Temperatur, daß Flocken von kohligen Substanzen sich auszuscheiden beginnen.

4. Es soll im geschlossenen Abel-Pensky- oder Pensky-Martens-Apparat nicht unterhalb 60° C (140° F) entflammen.

5. Sein spezifisches Gewicht liege zwischen 0.850 und 0.960 bei 15° C (59° F). Ist das Öl schwerer als 0.970 bei obiger Temperatur, so ist es zurückzuweisen.

6. Es soll leicht beweglich und frei von flüssigen und halbflüssigen Substanzen sein und auch bei gewöhnlicher Lufttemperatur und unter einem Druck von einem Fuß Öl durch eine vierzöllige, 10 Fuß lange Leitung fließen.

7. Heizöl soll weder stocken noch bei 0° C (32° F) zu schwerflüssig werden.

---

1) Nach Singer (Zeitschr. „Petroleum" v. 15. Nov. 1911).

8. Der Heizwert betrage nicht unter 10 000 Gramm[1])-Kalorien (18 000 B. T.-U.[2]) per Pfund).

Als Standard sind 10 250 Kalorien anzunehmen. Entsprechend der unter 21 angegebenen Methode ist, je nachdem das Heizöl besser oder schlechter als dieser Standard ist, eine Prämie zu zahlen, oder eine Buße vom Preise abzuziehen[3]).

9. Das Öl soll zurückgewiesen werden, wenn es mehr als 2% Wasser enthält.

10. Es soll ferner zurückgewiesen werden, wenn es mehr als 1°/₀ Schwefel enthält.

11. Es darf höchstens eine Spur Sand, Ton oder Schmutz enthalten.

12. Jeder Offerent muß einen genauen Voranschlag bezüglich des Heizöles, welches er zur Lieferung anbietet, unterbreiten. Dieser Voranschlag muß enthalten:

    a) den Handelsnamen des Öles,

    b) Name oder Bezeichnung des Feldes, aus welchem das Öl stammt,

    c) ob das Öl ein Reinöl, ein Raffinationsrückstand oder ein Destillat ist,

    d) Name und Ort der Raffinerie, wenn das Öl überhaupt raffiniert ist

13. Das Heizöl ist fob Tankwagen oder Schiff je nach der Art der Verladung zu liefern, an jene Bestimmungsorte, zu jenen Lieferterminen, und in jenen Mengen, die erforderlich sind, während des mit...... endenden Fiskaljahres.

14. Sollte der Offerent aus irgendwelchen Gründen einem schriftlichen Lieferungsauftrage nicht nachkommen, so steht es der Regierung frei, Öl am offenen Markte zu kaufen und den Lieferanten mit dem Mehrpreise über den kontraktlichen, zu welchem das Heizöl gekauft wurde, zu belasten.

Probenahme.

15. Lieferungen von Heizöl werden durch einen Bevollmächtigten der Regierung geprobt. Wenn irgend möglich, wird gleich bei Übernahme des Öles Probe genommen. Die Endprobe wird aus Einzelproben, welche aus einer so großen Lieferungsmenge als irgend möglich entnommen sind, hergestellt, damit diese Endprobe einen wirklichen Durchschnitt der gelieferten Ware repräsentiere.

---

[1]) Kalorien mal 1.8 = B. T. U. per Pfund.

[2]) British Thermal Units = Britische Wärmeeinheiten.

[3]) Es ist wichtig, daß der festgesetzte Standard nicht höher gehalten sein soll, als er auf Basis des Kontrakts eingehalten werden kann. Fehlt eine Information über den Heizwert des Öles, so ist das Bureau of Mines bereit, Lieferungsproben behufs Festsetzung des Heizwert-Standards zu untersuchen. Dieselben werden in Kalorien oder britischen Wärmeeinheiten ausgedrückt. Es entspricht den Interessen des Lieferanten am besten, einen ehrlichen Standard für das Öl, welches er offeriert, anzugeben, nachdem etwaige Lieferungen unter der Grenze Abzüge vom kontraktlich vereinbarten Preis und möglicherweise die Stornierung der Lieferung zur Folge haben, während bei Ablieferungen in besserer Qualität als dem vereinbarten Standard entspricht, der Lieferant Prämien erhält.

16. Die Endprobe wird versiegelt und behufs Analyse an das „Federal Bureau of Mines", Pittsburg, Pa., geschickt.

17. Auf Wunsch des Lieferanten wird ihm, resp. einem Bevollmächtigten gestattet, der Probenahme der Lieferung und der Herstellung der Endprobe beizuwohnen.

18. Die Endprobe wird analysiert und begutachtet, sowie sie in Pittsburg angelangt ist.

Gründe für eine Zurückweisung.

19. Ein unter diesen Lieferungsbedingungen eingegangener Kontrakt ist nicht bindend für den Fall, als eine praktische Probe von zweckentsprechender Dauer zeigt, daß das gelieferte Heizöl keine befriedigenden Resultate gibt.

20. Es versteht sich, daß das während der Kontraktdauer abgelieferte Heizöl die im Kontrakte spezifizierten Eigenschaften haben muß. Stellt der Lieferant wiederholt oder ununterbrochen Öl von anderer als der angebotenen Qualität zur Verfügung, so reicht diese Tatsache hin, den Kontrakt zu stornieren.

Preise und Zahlung.

21. Die Zahlung für die Lieferungen geschieht auf Grund des im Lieferungsantrag genannten Preises unter Berücksichtigung jener Korrektur, welche aus den Schwankungen des Heizwertes laut Analyse oberhalb oder unterhalb des vom Lieferanten festgestellten Standards resultiert[1]). Diese Korrektion wird pro rata berücksichtigt, und der Preis nach folgender Formel bestimmt:

$$\frac{\text{Abgelieferte Gramm-Kalorien (oder B. T. U. per Pfund} \times \text{Kontraktpreis}}{\text{Standard-Kalorien per Gramm (oder B. T. U. per Pfund)}}$$
$$= \text{zu bezahlender Preis.}$$

Wasser, welches sich im Empfangsbehälter ansammelt, ist abzuziehen, und zeitweilig zu messen. Ein entsprechender Abzug geschieht in der Weise daß man vom Gewicht der abgelieferten Ölquanten das Gewicht des Wassers abzieht.

Bestimmung des Gewichtes aus dem Volum.

Die obengenannten Lieferungsbedingungen sehen einen Heizölkauf nach Gewicht vor. Nachdem jedes Heizöl oft auch nach Volum abgeliefert wird, ist es wichtig, die Temperatur des abgelieferten Öles zu be-

---

[1]) Der Wert eines Öles als Heizmaterial steht im Verhältnis zum Gehalt an total verbrennbarer Substanz, wie dies durch den „Heizwert" ausgedrückt wird. Es kann dieser Wert in kleinen Grammkalorien oder in britischen Wärmeeinheiten per Pfund ausgedrückt werden. Schwefel, Feuchtigkeit und erdige Substanzen erniedrigen den Heizwert des Öles und beeinträchtigen die Wirkung im Ofen. Sie können auch einen schädlichen Effekt auf den Kessel und das Mauerwerk haben und beeinträchtigen die Wirkung der Brenner.

stimmen und eine Korrektur, die der Ausdehnung bei der betreffenden Temperatur entspricht, zu machen, wenn man aus dem Volum das Gewicht berechnen will. Aus dem Volum des Öles, bei einer bestimmten Temperatur zur Zeit der Ablieferung, ist das Volum bei Normaltemperatur (15° C) in nachstehender Weise zu ermitteln:

Der Ausdehnungskoeffizient gewöhnlicher Heizölrückstände, asphaltischer Basis, ist ungefähr 0.0006 per 1° C.

Wenn daher die Temperatur der Lieferung N° C oberhalb 15° C liegt, ist die Korrektur (N° bis 15° C) mal 0.0006.

Diese Korrektur ist zum spezifischen Gewichte bei N° C hinzuzufügen, um das Normalgewicht bei 15° C zu erhalten.

Wenn die Temperatur (N° C) des abgelieferten Öles unter 15° C liegt, ist die Korrektur (15—N° C) mal 0.0006 vom spezifischen Gewichte bei 15° C abzuziehen.

Da eine Gallone Wasser bei 15° 8.3316 Pfd. wiegt, beträgt das Gewicht einer Gallone Öl bei 15° C in Pfund 8.3316 mal dem spezifischen Gewichte des Öles bei dieser Temperatur.

In ähnlicher Weise gilt, da ein Kubikfuß Wasser bei 15° C 62.3425 Pfd. wiegt, daß das Gewicht in Pfunden eines Kubikfußes Öl bei 15° C dem 62.3425fachen des spezifischen Gewichtes bei dieser Temperatur entspricht.

Analysen-Rapporte von Heizöl.

Das Bureau of Mines benutzt das nachfolgende Formular zur Wiedergabe der erhaltenen Analysenrapporte:

Departement des Innern.
Bureau of Mines.

Washington D. C. ......191..

Herrn........

Über die.......... der Probe von Heizpetroleum von........
       (Menge)   (Menge)
abgeliefertem Heizpetroleum bei einer Temperatur von....° C durch
.................als ein...............................Produkt,
  (abliefernde Gesellschaft)   (Rohöl, Rückstand oder Destillat)
von der.........................an.......................'..
   (Pacht) (Feld oder Distrikt) (Bezirk) (Stadt)   (Abteilung
                 welche die Lieferung erhält)
am.................................beehre ich mich wie folgt, zu
   (Datum der Ablieferung)
berichten:

Spezifisches Gewicht bei 15° C (Bé. bei 59° F) ....
Kalorien per Gramm (B. T. U. per Pfund)........................
Wasser %..............................
Schwefel % ....
Erdige Substanzen, Sand usw. %...............................
Flammpunkt ° C (Abel-Pensky oder Martens-Pensky, geschlossener Apparat)...............................

Brennpunkt ° C (derselbe Apparat, offen) ....
Bemerkungen ....

Obiger Rapport ist für den Gebrauch der Regierung und des Lieferanten bestimmt und ist so lange vertraulich zu behandeln, bis er von der Regierung der Vereinigten Staaten veröffentlicht wird.

Hochachtungsvoll

Bestätigt.................   ....
Petroleum-Chemiker   General-Sekretär

Probenahme von Petroleum oder Heizöl.

Allgemeines.

Die Genauigkeit der Probenahme, dementsprechend der Wert der Analyse, hängt notwendigerweise ab von der Unbescholtenheit, Aufmerksamkeit und Geschicklichkeit der die Probenahme vornehmenden Person. Wie ehrenhaft dieselbe auch sein mag, wenn ihr Aufmerksamkeit fehlt, und die erforderliche Geschicklichkeit bei der Probenahme mangelt, wird sie mit Leichtigkeit Fehler machen, welche alle weitere Arbeit ungünstig beeinflussen und zu durchaus irreführenden Resultaten der Proben und Analysen führen. Der Probenehmer muß immer vor Sand, Wasser und Fremdsubstanzen auf der Hut sein. Er soll alle Umstände, welche verdächtig erscheinen, berücksichtigen und unter gleichzeitiger Übermittlung der Proben des fraglichen Öles, sein Gutachten über dieselben abgeben.

Probenahme von Waggonlieferungen.

Probenahme mit einem Schöpfer.

Unmittelbar, nachdem das Öl aus der Zisterne in den Empfangsbehälter zu fließen begonnen hat, füllt man aus dem ablaufenden Öl einen kleinen Schöpfer voll, der irgendeine bestimmte Menge, beispielsweise einen halben Liter (ca. 1 Pint) faßt. Ähnliche Proben werden in gleichen Zeitintervallen vom Beginn bis zum Ende des Ablaufens gezogen, ein Dutzend oder mehr solcher Schöpflöffel im ganzen. Diese Proben gießt man in einen reinen Bottich (drum) und schüttelt gut durch. Ist das Öl spezifisch schwer, so müssen die Schöpflöffel in einen reinen Eimer ausgeleert werden, in welchem man das Öl gründlich durchmischt. Für eine vollständige Analyse benötigt man eine Endprobe von wenigstens 4 l (ca. 1 Gallone). Diese Probe soll in eine reine Kanne entleert werden, welche man dicht verlötet und dem Laboratorium einsendet.

Es ist wichtig, daß der Schöpfer in gleichen Zeitintervallen mit Öl gefüllt wird, und daß dies immer bis zur gleichen Füllhöhe geschieht. Die Totalmenge des entnommenen Öles soll einer bestimmten abgelieferten Ölmenge entsprechen, und diese Beziehung der Menge der Probe zur Menge des abgelieferten Öles soll stets angegeben werden, beispielsweise: „Probe von einer Gallone entsprechend einer Waggonladung von 20 Faß."

Ununterbrochene Probenahme.

Statt mit einem Schöpfer mag es passender sein, die Proben ununterbrochen zu nehmen. Man kann dies in der Weise tun, daß man das Öl aus einem $^1/_2''$igen, an der Unterseite des Ablaufrohres angebrachten Hahne in konstantem und ununterbrochenem Strahl während der ganzen Zeit abrinnen läßt. Die so kontinuierlich genommene Probe soll in einem reinen Bottich oder Eimer gründlich durchgemischt und behufs Analyse mindestens 4 l (ca. 1 Gallone) hiervon zur Verfügung gestellt werden. Es ist sorgfältig auf Vorhandensein von Wasser zu untersuchen, und wenn der erste Schöpflöffel Wasser zeigt, ist er in den Empfangsbehälter auszuleeren und darf nicht mit der für die Analyse bestimmten Probe gemischt werden.

Gemischte Proben.

Wenn das Öl, welches während einer bestimmten Zeitperiode, beispielsweise eines Monats, abgeliefert wird, von derselben Quelle und der gleichen Beschaffenheit (aber nur wenn es von gleicher Beschaffenheit ist) sein sollte, genügt es, bestimmte Mengen im proportionalen Verhältnis aus dem Schöpfer sowie aus den während dieser Zeitperiode genommenen, kontinuierlichen Proben in eine verzinnte Kanne oder einen Behälter zu gießen, welcher mit einer Schraubenkappe oder einem Spund versehen ist. Die Verwendung eines Eisenbottichs ist nicht zu empfehlen, weil selbst eine reine Eisenoberfläche durch lange Berührung mit einem schwefelhaltigen Öle Schwefel aufnimmt, der dann der Analyse verlorengeht.

Am Monatsende gibt man eine Anzahl runder, reiner Steine in das Gefäß und rollt dasselbe behufs verläßlicher, gründlicher Mischung. Von dieser Durchschnittsprobe nimmt man sodann behufs Analyse 4 l (ca. 1 Gall.); das Faß läßt man auslaufen, spült es mit reinem Gasolin aus und trocknet es, um es für eine zweite Probenahme bereitzustellen.

Das Allerwichtigste ist, daß die Durchschnittsprobe, wie immer die Art der Probenahme sei, aus äquivalenten Mengen in regelmäßigen Zeitintervallen hergestellt werde, so daß das zum Schluß zur Analyse vorbereitete Muster auch wirklich der Totallieferung entspricht.

Probenahme eines großen Tanks oder Reservoirs.

Wasser oder erdige Substanzen setzen sich beim Abstehenlassen zu Boden.

Ehe man daher einen großen, stationären Lagerbehälter oder ein Reservoir probt, muß man sich über den Charakter des am Boden befindlichen Öles in der Weise orientieren, daß man mittels eines Schöpfers mit langem Griffe Muster herausholt und den Inhalt genau untersucht. Wird eine beträchtliche Menge von Satz herausgeholt, so berechtigt dies, das Öl zurückzuweisen.

Die Probenahme aus einem großen, stationären Ölreservoir, insbesondere, wenn das Öl so lange darin gestanden hat, daß es Schichten oder Lager von verschiedenem spezifischem Gewicht zu bilden beginnt, ist in folgender Weise auszuführen: Der Probenehmende hat sich ein gewöhnliches Eisenrohr, oder besser ein Zinnrohr von 1″ Durchmesser zu verschaffen, welches so lang ist, daß es von oberhalb des Mannloches, so daß man es anfassen kann, bis zum Boden des Behälters reicht. Das untere Ende des Rohres soll durch eine runde Feile erweitert werden. Ein konischer Pfropfen aus Kork, Holz oder sonst einem passenden Material, wird an diesem Ende befestigt und ein starker, steifer Draht, nach Art des gewöhnlichen Telegraphendrahtes, durch diesen Kork und durch das ganze Rohr so weit hindurchgeführt, daß er vom Manipulanten fest ergriffen werden kann. Ein Zug am Draht schließt das untere Ende des Rohres und ein rasches Aufklopfen gegen den Boden des Behälters treibt den Kork ins Rohr hinein, wodurch ein öldichter Verschluß gebildet wird.

Um mit diesem Probeapparat richtig zu hantieren, hat der Probenehmer den Kork zu lockern, und ihn etwa 3″ unter das Rohrende fallen zu lassen, so daß er dort an dem Drahte, der durch das Rohr hindurchführt, hängt. Der Probenehmer hält nun das Rohr, welches beiderseits offen ist, in vertikaler Lage und läßt es langsam durch das Öl hindurch bis an den Boden des Behälters einsinken. Es muß dies langsam und sorgfältig geschehen, so daß das Rohr durchs Öl dringt, ohne es aufzurühren, und so ein entsprechender „Ölkern“ von der Oberfläche angefangen bis zum Boden herausgeschnitten wird. Wenn das Rohr den Boden berührt, hat der Probenehmer das Ende des Drahtes hinaufzuziehen, so daß der Kork an die Verschlußstelle kommt. Er muß dann den Kork tüchtig gegen den Boden des Behälters anschlagen, treibt ihn dadurch ins Rohr hinein und verschließt so dasselbe. Nun kann er das Rohr herausziehen und das Öl in die Probekanne entleeren. Wenn es wünschenswert erscheint, kann der Probenehmer ein Reservoir in dieser Weise an regelmäßig voneinander entfernten Stellen „kernen“ oder proben, muß dann diese Proben vereinigen, gründlich durchmischen und hiervon 4 l (ca. 1 Gall.) als Durchschnittsprobe für die Analyse entnehmen.

Statt eines Rohrprobers kann man auch eine Halbliterflasche (ungefähr 1 Pint) verwenden. Dieselbe ist an eine lange Stange sicher zu befestigen, hat einen lose eingepaßten Stöpsel, der an eine starke Schnur angebunden ist. Die verkorkte, leere Flasche wird bis an irgendeine gewünschte Stelle in das Öl eingetaucht und sodann der Stöpsel herausgezogen. Die mit Öl gefüllte Flasche wird nun in ein entsprechendes Empfangsgefäß entleert und für ein zweites Anfüllen vorbereitet. Man kann auf diese Weise aus verschiedenenen, symmetrisch in der ganzen Ölmasse verteilten Stellen, Flaschenmuster entnehmen, welche gründlich gemischt, ein vorzügliches Durchschnittsmuster repräsentieren, aus welchem man dann das 4-Liter-Muster für die Analyse besorgt.

Probenahme einer einzelnen Trommel.

Eine einzelne Trommel wird mittels eines Glasrohres geprobt. Dieses an beiden Enden offene Rohr wird am oberen Ende angefaßt und vertikal ohne das Öl hierbei durchzumischen, in das Faß getaucht, so daß es langsam bis zum Boden des Fasses herabsinkt. Dann wird das obere Ende mit dem Daumen oder Zeigefinger der Hand, welche das Rohr hält, verschlossen das Rohr herausgezogen und das Öl, das außen anhaftet, mit den Fingern der anderen Hand abgewischt. Die im Rohre enthaltene Probe kann dann in eine kleine Kanne entleert und der Analyse zugeführt werden.

Expedition der Proben.

Die Ölprobe soll in einer Glasflasche oder Korbflasche oder in einer Zinnkanne expediert werden, letztere ist vorzuziehen, da sie weniger leicht zerbricht. Verwendet man letztere, so muß der Verschluß dicht verlötet werden. Die Kanne soll nicht vollgefüllt werden, man läßt ungefähr $^1/_8''$ Raum, um eine Ausdehnung des Öles zu ermöglichen.

Sowie die Kanne gefüllt ist, muß sie, um eine Verflüchtigung der leichteren Teile der Probe zu verhindern, versiegelt werden. Nach dem Füllen und dichten Verlöten der Kanne wird sie rein abgewischt und sorgfältig auf nadelstichgroße Öffnungen oder kleinere Undichtheiten untersucht. Alle diese müssen, ehe die Kanne behufs Expedition verpackt wird, verlötet werden.

Die Flasche oder Kanne ist nun sorgfältig zu bezetteln. Zettel von folgender Ausführung, wie sie vom Bureau of Mines verwendet werden, sollen an die Probesendungen, welche dem Bureau zugehen, befestigt werden:

Department of the Interior.
Bureau of Mines.

(Information, welche jeder Heizpetroleumprobe, die zur Untersuchung unterbreitet wird, beizugeben ist):

Probe Nr.....................geprobt von ....
Öl geliefert an...Ablieferungs-
(Name des Departements)

ort...............................Menge des abgelieferten Öles...
(Stadt)   (Staat)

.................Datum der Ablieferung..................Temperatur bei Ablieferung ° C.........................
Name des Lieferanten ....
Natur des Öles ....
(Rohöl, Rückstand oder Destillat)

(Wenn irgendwie raffiniert, Angabe des Namens und Ortes der Raffinerie)
....
Ursprung des Öles ....
(Pacht) (Feld oder Distrikt) (Bezirk) (Staat)

Bemerkungen ....
Datum der Übermittlung der Probe ....
Gesendet durch ....
(Expreß oder Eilfracht)   (via)

Datum des Empfanges der Probe im Bureau of Mines ....
Zustand der Probe bei Empfang ....
(Diese Zettel werden auf Verlangen geliefert.)

Der Zettel soll sorgfältig mit einem harten Bleistift auf einer starken Gepäcksmarke geschrieben sein und diese sicher an die Kanne befestigt werden. Der Bleistift ist beim Schreiben fest gegen die Gepäcksmarke anzudrücken, so daß man in ihre Oberfläche einschneidet. Eine derartige Überschrift ist selbst dann leserlich, wenn das Papier mit Öl benetzt ist.

Gummierte Zettel sind nicht zu verwenden, sie trennen sich leicht ab, wenn sie schwach feucht werden und gehen verloren. Ein Duplikat des gleichen Inhaltes wird postlich an den bevollmächtigten Ingenieur des Bureau of Mines, Pittsburg, Pa., gesendet.

Zollvorschriften für flüssige Brennstoffe.

Nachstehend sind diejenigen Abschnitte aus dem „Zolltarif“ und „der Anleitung für die Zollabfertigung“ abgedruckt, welche für den Verkehr mit flüssigen Brennstoffen besonders in Frage kommen.

Nach den Bestimmungen des Zolltarifs ist der Zollsatz für das Rohgewicht, also für das Gewicht der Ware + Gewicht der Umschließung zu entrichten. Geschieht die Einfuhr in Kesselwagen, Tankschiffen oder in anderer als handelsüblicher Umschließung, in Blechgefäßen usw., so ist als das zollpflichtige Gewicht anzusehen, das Eigengewicht der Ware und ein Prozentsatz dieses Gewichts als Zuschlag. Der Zuschlag zum Eigengewicht beträgt für leichte Mineralöle[1] 29%, für flüssige mineralische Schmieröle[1] 20%, für raffiniertes Petroleum oder Rohpetroleum[1] 25%.

Auszug aus dem Warenverzeichnis zum Zolltarife für die Zeit vom 1. März 1906 ab.

Mineralöle:	Nr. des Zolltarifes	Zollsatz f. 1 dz. Mk.
1. Erdöl (Petroleum), flüssiger natürlicher Bergteer (Erdteer), Braunkohlenteeröl, Torföl, Schieferöl, Öl aus dem Teer der Boghead- oder Kännelkohle und sonstige Mineralöle mit Ausnahme der in der nachstehenden Ziffer 2 genannten, roh oder gereinigt (raffiniert), sowie Destillate aus diesen Ölen:		
a) Schmieröle, insbesondere Lubricating-, Vaselin-, Paraffin-, Vulkanöl; auch teerartige paraffinhaltige und im Wasser nicht untersinkende, pechartige Rückstände von der Destillation der Mineralöle	239	10 v[2]) 6

---

[1] Siehe Seite 144 unter „Begriffsbestimmungen“.

[2] Die mit v = vertragsmäßig bezeichneten Zollsätze haben für die Einfuhr aus denjenigen Staaten Gültigkeit, mit denen zur Zeit Handelsverträge bestehen. Dies trifft für alle Länder zu, welche nennenswerte Mengen von flüssigen Brennstoffen nach Deutschland einführen.

	Nr. des Zolltarifes	Zollsatz f. 1 dz. Mk.
Mineralöle:		
b) Andere Mineralöle	239	6
Schwerbenzin mit einem spezifischen Gewicht (einer Dichte) von mehr als 0.750 bis 0.770 einschließlich bei 15° C, zur Verwendung zum Betriebe von Motoren, in inländischen Betriebsanstalten gewonnen oder aus dem Ausland eingehend, unter Überwachung der Verwendung.	—	v 2
Gasöl mit einem spezifischen Gewicht (einer Dichte) von über 0.830 bis 0.880 einschließlich bei 15° C, zur Karburierung von Wassergas, in inländischen Betriebsanstalten gewonnen oder aus dem Ausland eingehend, unter Überwachung der Verwendung	—	v 3

Anmerkungen zu 1.

1. Mineralische Öle, die für andere gewerbliche Zwecke als für die Herstellung von Schmieröl, Leuchtöl oder Leuchtgas bestimmt sind, können nach den ergangenen besonderen Bestimmungen (A)[1] unter Überwachung der Verwendung vom Zolle freigelassen werden (Anmerkung 1 zu Nr. 239).

2. Mineralische Öle, die für die Bearbeitung in inländischen Betriebsanstalten bestimmt sind, können nach den ergangenen besonderen Bestimmungen (A) unter Überwachung vom Zolle freigelassen werden mit der Maßgabe, daß die daraus gewonnenen Erzeugnisse wie ausländische zu behandeln sind, mit Ausnahme der leichten Öle, welche, soweit sie nicht zu Schmier- oder Beleuchtungszwecken einschließlich der Erzeugung von Leuchtgas verwendet werden, unter Überwachung der Verwendung auf Erlaubnisschein zollfrei bleiben (Anmerkung 2 zu Nr. 239).

3. Die Verzollung von gereinigten, zu Beleuchtungszwecken geeigneten Mineralölen kann auf Antrag nach dem Raumgehalte mit der Maßgabe erfolgen, daß dabei für 125 l bei 15° C 1 dz gerechnet und der Betrag von M. 6.— erhoben wird (Anmerkung 3 zu Nr. 239) (A).

4. Gemische von Mineralölen mit Harzöl oder Ölsäure, mit tierischen oder pflanzlichen Fetten (A) oder Fettgemischen oder mit fetten Ölen oder Gemischen solcher Öle sind als Schmiermittel (A) nach Nr. 260 zum Satze von 12 M. — vertragsmäßig 7.50 M. — für 1 dz Rohgewicht zu verzollen.

---

[1] (A) = Anleitung für die Zollabfertigung.

Mineralöle:	Nr. des Zolltarifes	Zollsatz f. 1 dz. Mk.
2. Steinkohlenteeröle, leichte, einschließlich der ölartigen Destillate aus Steinkohlenteerölen z. B. Benzol, Cumol, Toluol, Xylol und schwerere z. B. Anthranzenöl, Karbolöl, Kreosotöl; auch Asphaltnaphtha und sog. Kohlenwasserstoff.	245	frei

Bestimmungen über die Zollbehandlung der Mineralöle aus der „Anleitung für die Zollabfertigung"

A. Begriffsbestimmungen.

Leichte Mineralöle im Sinne des Zolltarifs sind alle Mineralöle, deren Dichte bei 15° C nicht mehr als 0,750 beträgt.

Als Schmieröle sind alle Mineralöle zu verzollen, deren Dichte bei 15° C mehr als 0.830 beträgt. Falls der Anmelder gegen die Verzollung eines derartigen Öles als Schmieröl Einspruch erhebt, ist dessen Verwendbarkeit zu Schmierzwecken festzustellen. Als zu Schmierzwecken verwendbar ist jedes Öl anzusehen, welches einen Siedepunkt von mehr als 300° C besitzt oder bei dessen fraktionierter Destillation bis 300° C weniger als 70 Raumteile Öl von 100 übergehen. Indessen ist Rohpetroleum (rohes Mineralöl, welches einer Destillation behufs Sonderung der Bestandteile noch nicht unterlegen hat), auch wenn es die vorstehenden Merkmale der Schmieröle zeigt, nur dann als Schmieröl zu verzollen, wenn es einen höheren Entflammungspunkt als 50° Abel hat, oder bei 15° eine höhere Dichte als 0.885 besitzt, oder bei der fraktionierten Destillation im Englerschen Apparate von 150° C an bis zu 320° C weniger als 40 Raumteile Öl von 100 übergehen läßt, oder einen höheren Paraffingehalt als 8 Gewichtsteile in 100 ergibt. Der Nachweis der Herkunft und der Eigenschaft des Mineralöls als Rohpetroleum kann gefordert werden. Wird der Nachweis der Eigenschaft als Rohpetroleum verlangt, so ist er durch eine Bescheinigung eines von der obersten Landesfinanzbehörde zu bezeichnenden Chemikers zu erbringen.

Die Dichte bei 15° C ist auf Grund der „Tafeln zu den Bestimmungen über die Zollbehandlung der Mineralöle"[1]) festzustellen.

Die Bestimmung des Siedepunkts, des Entflammungspunkts und des Paraffingehalts erfolgt bis auf weiteres durch geeignete Chemiker nach Maßgabe der „Anweisung zur Untersuchung der Mineralöle für die zollamtliche Abfertigung" (s. unter C).

B. Zollbegünstigungen
Beschluß des Bundesrats vom 15. Februar 1906.
I. Allgemeine Bestimmungen.

§ 1. Auf Grund der Anmerkung 2 zu Nr. 239 des Zolltarifs darf Zollfreiheit gewährt werden:

---

[1]) Diese Tafeln werden besonders herausgegeben und sind hier nicht mit abgedruckt.

a) inländischen Betriebsanstalten, welche ihren Betrieb in zollsicher abgeschlossenen Räumen unter ständige zollamtliche Aufsicht stellen, für das zur Bearbeitung einschließlich der Herstellung von Vaselinöl und Vaselin bestimmte Mineralöl mit der Maßgabe, daß von den gewonnenen Erzeugnissen die nicht zu Schmier- oder Beleuchtungszwecken einschließlich der Erzeugung von Leuchtgas bestimmten leichten Mineralöle, soweit sie an die zum zollfreien Bezuge Berechtigten (§ 2) abgesetzt werden, zollfrei bleiben, die übrigen aber wie ausländische behandelt werden;

b) anderen inländischen Betriebsanstalten für dasjenige Mineralöl, welches zur Herstellung der in das Ausland ausgeführten Mineralöle oder der an zollbegünstigte Betriebe (§ 2, § 5, Abs. 1 unter c und Abs. 2) abgesetzten Mineralöle verwendet worden ist (s. auch § 36) oder an die zum zollfreien Bezuge Berechtigten (§ 2) abgesetzten leichten Mineralöle verwendet worden ist (s. auch § 36).

§ 2. Der zollfreie Bezug leichter Mineralöle aus den im § 1 bezeichneten Betriebsanstalten darf gestattet werden:

c) unter den Voraussetzungen des § 3 Landwirten und Gewerbetreibenden für die bei Ausübung ihres Betriebs zur Kraftbeschaffung oder Beförderung von Personen oder Gütern verwendeten Motoren bis zu einem Gesamtjahresverbrauche von 100 dz;

d) unter den Voraussetzungen des § 4 Glasbläserein zum Bearbeiten von Glas bis zu einem Gesamtjahresverbrauche von 50 dz.

§ 3 (1). Der zollfreie Bezug leichten Mineralöls zum Betriebe von Motoren (§ 2 unter c) ist zu versagen, wenn der Gesamtjahresbedarf des Unternehmers an solchem Öl 100 dz übersteigt. Bei der Berechnung ist der Bedarf sämtlicher Betriebsstellen und Zweiganstalten an leichten Ölen zu berücksichtigen, die innerhalb des Betriebs mit Motoren ausgerüstet sind. Ferner sind in den Gesamtjahresbedarf diejenigen Mengen an anderen als leichten Ölen einzubeziehen, die zu dem gleichen Zwecke ohne Inanspruchnahme der Zollfreiheit bezogen oder verwendet werden.

(2) Reichs-, Staats- Provinzial-, Selbstverwaltungs-, Gemeindebetriebe, Betriebe von Aktiengesellschaften, landwirtschaftliche Betriebe mit einem Flächenraume von 250 ha oder mehr, gewerbliche Betriebe, in denen 50 oder mehr Gewerbegehilfen durchschnittlich beschäftigt werden, sowie Ärzte hinsichtlich des Betriebes von Kraftfahrzeugen sind von dem zollfreien Bezuge leichter Mineralöle zum Motorenbetrieb ausgeschlossen. Doch ist Gemeinden und gemeinnützigen Zwecken dienenden Anstalten zum Zweck der Wasserversorgung die Vergünstigung — und zwar ohne Beschränkung auf eine Höchstmenge — zu gewähren. Bei der Berechnung des Flächenraumes landwirtschaftlicher Betriebe und bei der Berechnung der Zahl der Gewerbegehilfen in gewerblichen Betrieben sind sämtliche zu dem betreffenden Betriebe gehörigen Betriebsstellen und Zweiganstalten zu berücksichtigen, auch wenn sie mit Motoren nicht ausgerüstet sind. Bei der Berechnung der Zahl der Gewerbegehilfen sind die kaufmännischen Angestellten sämtlich mitzuzählen; von Lehrlingen und Lehrmädchen unter 16 Jahren sind je 2 für einen Gewerbegehilfen in Anrechnung zu bringen.

(3) Ausgeschlossen von dem zollfreien Bezuge leichter Mineralöle

zum Motorenbetriebe sind ferner diejenigen Betriebe, welche den Motor ausschließlich oder teilweise zur Lichterzeugung benutzen.

(4) Auch für das Prüfen der Motoren sowie das Ein-, Probe- und Vorfahren von Kraftfahrzeugen seitens der Motorenfabrikanten, -händler und -agenten wird Zollfreiheit nicht gewährt.

(5) Der zollfreie Bezug leichter Mineralöle zum Betriebe **stehender** Motoren ist in der Regel zu versagen, wenn schon eine andere, mit Elektrizität, Dampf, Gas, Weingeist oder dergleichen betriebene Kraftbeschaffungsanlage dauernd zur Verfügung steht. Ausnahmen können im Falle besonderen Bedürfnisses von der Direktivbehörde zugelassen werden; sie sind unstatthaft für landwirtschaftliche Betriebe mit einem Flächenraum von 125 ha oder mehr und für gewerbliche Betriebe, in denen 25 oder mehr Gewerbegehilfen beschäftigt werden (wegen der Berechnung s. Abs. 2). Die Benutzung von Wind- und Wasserkraft schließt die zollfreie Ablassung leichter Mineralöle zum Motorenbetriebe nicht aus.

§ 4. Glasbläsereien sind vom zollfreien Bezuge leichter Mineralöle zum Bearbeiten von Glas (§ 2 unter d) ausgeschlossen, wenn der Gesamtjahresbedarf des Betriebs an solchem Öle 50 dz übersteigt. Bei der Berechnung dieses Bedarfs ist die Bestimmung des zweiten Satzes des § 3 Abs. 1 sinngemäß anzuwenden.

§ 5. Auf Grund der Anmerkung 1 zu Nr. 239 des Zolltarifs darf der Bezug zu ermäßigten Zollsätzen aus dem Ausland gestattet werden:

a) für Mineralöle mit einer Dichte von mehr als 0.830 bei 15° C, die zum Betriebe von Motoren verwendet werden, zum Satze von 1.50 M für 1 dz.

§ 6. Die Bewilligung erfolgt in den Fällen des § 1 unter a durch die oberste Landesfinanzbehörde, in den Fällen der §§ 1 unter b, 2 und 5 durch die Direktivbehörde; diese kann in den Fällen des § 2 unter b, c und d des § 5 Abs. 2 ihre Befugnis den Hauptzoll- oder Hauptsteuerämtern übertragen.

Die Bewilligung erfolgt widerruflich und kann bei Zuwiderhandlungen gegen die erlassenen allgemeinen und besonderen Überwachungsvorschriften jederzeit zurückgenommen werden.

§ 7 Für die Unterscheidung der Mineralöle und die Feststellung der Dichte gelten die unter A und C gegebenen Bestimmungen.

§ 8. Wer eine Zollbegünstigung für Mineralöl in Anspruch nehmen will, hat über den Bezug, die Bearbeitung und den Vertrieb oder den Verbrauch des Öles so genau Buch zu führen oder unter seiner Verantwortlichkeit durch Beauftragte Buch führen zu lassen, daß die Ordnungsmäßigkeit des Betriebes danach geprüft werden kann. Er hat ferner eine allgemeine Betriebserklärung (genaue Angabe des Verwendungszweckes der Mineralöle, gegebenenfalls Beschreibung des Herstellungsganges der Erzeugnisse und Bezeichnung der Art und Menge der Stoffe, deren Zusatz beabsichtigt wird) abzugeben, von der ohne Genehmigung der Zollbehörde (Hauptamt) nicht abgewichen werden darf.

§ 9. Den mit der Überwachung beauftragten Beamten der Zoll- und Steuerverwaltung ist während des Betriebes jederzeit, sonst in der Zeit von morgens 7 Uhr bis abends 8 Uhr die Einsicht der nach § 8 zu führenden Bücher, das Betreten der Lager- und Betriebsräume, die Prüfung der Bestände an Mineralöl und den daraus gewonnenen Erzeugnissen und die unentgeltliche Entnahme von Proben zu Dienstzwecken zu gestatten, auch ist ihnen die zur Ausübung der Zollaufsicht erforderliche Auskunft zu erteilen. Bei den Abfertigungen sowie bei den vorgeschriebenen Prüfungen und Bestandsaufnahmen sind den Beamten die erforderlichen Hilfsdienste zu leisten und die erforderlichen geeichten Wiege- und Meßgeräte zur Verfügung zu stellen. Sind zur Prüfung der Mineralöle chemische Untersuchungen erforderlich, so hat deren Kosten der Inhaber der Begünstigung zu tragen.

§ 10. Bei Zuwiderhandlungen gegen die erlassenen allgemeinen und besonderen Überwachungsvorschriften ist, unbeschadet des daneben etwa einzuleitenden Strafverfahrens, gegen den Inhaber der Begünstigung eine Vertragsstrafe bis zu 1000 M. für den Einzelfall festzusetzen und im Verwaltungsweg einzuziehen. Die Vertragsstrafe ist gegen den Inhaber der Begünstigungen auch festzusetzen bei Zuwiderhandlungen durch seine Familienangehörigen, Angestellten oder Gewerbegehilfen, falls die Zuwiderhandlung mit Wissen oder Willen des Inhabers begangen ist, oder wenn ihm ein grobes Versehen zur Last fällt.

IV. Zollfreier Bezug leichter Mineralöle aus inländischen Betriebsanstalten (§ 2).

§ 29. (1) Wer die Zollbegünstigung in Anspruch nehmen will, hat für jedes Kalenderjahr bei dem zuständigen Hauptzoll- oder Hauptsteueramt einen Erlaubnisschein zu erwirken, in welchem die Gattung und die höchste Menge der im Laufe des Jahres unter Beanspruchung der zollfreien Ablassung zu beziehenden leichten Mineralöle sowie deren Verwendungszweck und die Betriebsanstalten, aus denen der Bezug erfolgen soll, anzugeben sind.

(2) Für die in § 2 unter c genannten Landwirte und Gewerbetreibenden, deren Gesamtjahresbedarf an leichten Mineralölen zu den dort bezeichneten Zwecken 10 dz nicht übersteigt, kann mit Genehmigung der obersten Landes-Finanzbehörden die Gültigkeit der Erlaubnisscheine bis zu einer Dauer von drei Jahren erstreckt, auch kann ihnen die in § 8 vorgeschriebene Buchführung erlassen werden. Die erforderlichen Anordnungen über die Überwachung der Verwendung werden von den obersten Landesfinanzbehörden getroffen.

(3) Der Erlaubnisschein ist jeder Bestellung beizufügen. Nach Ablauf der Gültigkeitsdauer ist er dem Hauptamte zurückzugeben; geht er verloren, so ist dies dem Hauptamt binnen 8 Tagen anzuzeigen.

§ 30. Die leichten Mineralöle müssen unmittelbar aus einer der im Erlaubnisscheine bezeichneten inländischen Betriebsanstalten oder aus einem ihr gehörigen und lediglich für in der Betriebsanstalt selbst gewonnene Erzeugnisse bestimmten Zollager bezogen werden. Es kann jedoch gestattet werden, daß mehrere Bezugsberechtigte ihren Bedarf gemeinschaftlich durch Vermittlung eines Beauftragten beziehen, der die Erlaubnisscheine der Betriebsanstalt übermittelt und die bestellten Mengen den einzelnen Auftraggebern zuführt. Eine Zwischenlagerung ist in solchen Fällen unzulässig, und die Abrechnung muß stets unmittelbar zwischen den Bezugsberechtigten und der liefernden Betriebsanstalt erfolgen.

§ 31. Die mit dem Anspruch auf Zollfreiheit bezogenen leichten Mineralöle dürfen nur zu dem in dem Erlaubnisschein angegebenen Zwecke verwendet und weder an andere Bezugsberechtigte, noch an sonstige Personen entgeltlich oder unentgeltlich abgegeben werden.

Rückstände der bezogenen leichten Mineralöle, welche eine die Zollfreiheit nicht begründende Verwendung finden sollen, sind vor der Verwendung der zuständigen Zoll- oder Steuerstelle zur Verzollung anzumelden und unter Hinzurechnung des bestimmungsmäßigen Tarazuschlags zu verzollen; ihre Abgabe an Dritte ist unstatthaft.

§ 32. Den Bezugsberechtigten ist der Handel mit verzollten leichten Mineralölen untersagt.

Ebenso ist die Verwendung verzollter leichter Mineralöle zu anderen als den im Erlaubnisschein (§ 29) angegebenen Zwecken unzulässig. Ausnahmen kann die Direktivbehörde gestatten, falls durch getrennte Lagerung der verzollten und unverzollten Mineralöle sowie durch andere geeignete Maßnahmen genügende Sicherheit gegen Mißbräuche und Vertauschungen geschaffen werden kann.

Alles ohne Anspruch auf zollfreie Ablassung bezogene leichte Mineralöl ist der Amtsstelle anzumelden und auf Erfordern vorzuführen, auch, soweit es noch nicht verzollt ist, zu verzollen.

Andere als leichte Mineralöle dürfen, insbesondere zu Schmier- oder Beleuchtungszwecken, ohne Beschränkung verzollt bezogen werden.

§ 33. Fehlmengen, welche bei der Versendung leichter Mineralöle von inländischen Betriebsanstalten an den Bezugsberechtigten entstehen oder bei Bestandsaufnahmen festgestellt werden, sind ohne Rücksicht auf die Art ihrer Entstehung nach dem unter Hinzurechnung des bestimmungsmäßigen Tarazuschlags festzustellenden zollpflichtigen Gewichte zur Verzollung zu ziehen. Von Fehlmengen, die bei der Versendung entstanden sind. ist der zuständigen Zoll- oder Steuerstelle sofort nach dem Eintreffen der Sendung seitens der Bezugsberechtigten Anzeige zu erstatten.

§ 34. Im Falle des Erlöschens oder der Entziehung der Begünstigung sind etwaige Restbestände der zollfrei abgelassenen leichten Mineralöle oder der Rückstände von solchen nach dem Eigengewicht unter Hinzurechnung des bestimmungsmäßigen Tarazuschlags zu verzollen. Bei dem Übergange des Betriebs in eine andere Hand oder bei Übernahme des Restbestandes der zollfrei abgelassenenen Mineralöle durch einen anderen Bezugsberechtigten kann die Direktivbehörde Ausnahmen zulassen. Letztere kann in den Fällen des § 2 unter c und d ihre Befugnis den Hauptzoll- oder Hauptsteuerämtern übertragen.

V. Bezug von Mineralöl aus dem Auslande.

§ 35. Die Mineralöle müssen unmittelbar aus dem Auslande bezogen werden.

Die unmittelbar aus dem Ausland unter Begleitschein- oder Begleitzettelkontrolle bezogenen Mineralöle sind der zuständigen Zoll- oder Steuerstelle anzumelden und vorzuführen. Der Anmeldung ist der nach Maßgabe des § 29 zu erwirkende Erlaubnisschein beizufügen.

Beim Bezug aus öffentlichen Niederlagen oder Privatlagern der nicht unter Begleitscheinkontrolle zu erfolgen braucht, sowie beim Bezug aus einer der im § 1 bezeichneten Betriebsanstalten bedarf es der Anmeldung und Vorführung bei der zuständigen Zoll- und Steuerstelle nicht.

Im übrigen finden für den zollbegünstigten Bezug von Mineralöl aus demAuslande die in §§ 29 und 31 bis 34 für den zollfreien Bezug leichter Mineralöle aus inländischen Betriebsanstalten gegebenen Vorschriften sinngemäß Anwendung.

VI. Vertragsbestimmungen.

§ 36. Vertragsmäßig ist den im § 1 unter b bezeichneten inländischen Betriebsanstalten auch für das zur Herstellung von solchen Schwerbenzinen verwendete Mineralöl Zollfreiheit zu gewähren, die zum Motorenbetriebe zum vertragsmäßigen Zollsatz von 2 M. für 1 dz abgelassen worden sind.

Die Abgabe hat in sinngemäßer Anwendung der Bestimmung in § 24 zu erfolgen.

Auf den Bezug von Schwerbenzinen zum Motorenbetrieb zum vertragsmäßigen Zollsatze von 2 M. für 1 dz und von Gasölen zum Motorenbetrieb oder zur Karburierung von Wassergas zum vertragsmäßigen Zollsatze von 3 M. für 1 dz, finden die Bestimmungen des § 35 sinngemäß Anwendung mit der Maßgabe, daß dem Bezug aus dem Ausland außer demjenigen aus öffentlichen Niederlagen oder Privatlagern auch der Bezug aus einer der in § 1 unter a bezeichneten Betriebsanstalten gleichzustellen ist.

Der auf den vertragsmäßig begünstigten Schwerbenzinen und Gasölen ruhende Zoll ist bei dem Bezug aus öffentlichen Niederlagen, Privatlagern oder inländischen Betriebsanstalten nach den vertragsmäßigen Sätzen von 2 M. und 3 M. für 1 dz, soweit nicht Abfertigung unter Begleitscheinkontrolle erfolgt, bereits bei der Ablassung aus den Niederlagen usw. zu entrichten.

VII. Sonstige Überwachungsmaßregeln.

§ 37. Die weiter erforderlichen Bedingungen und Überwachungsmaßregeln, insbesondere hinsichtlich der Anmeldung der Lager- und Betriebsräume (§ 14), der Buchführung, der Zollaufsicht und der Bestandsaufnahmen werden von den obersten Landesfinanzbehörden festgesetzt.

Die im § 2 unter c und d aufgeführten Betriebsanstalten können von der Einzelanschreibung der verbrauchten Mineralölmengen entbunden auch können ihnen in bezug auf die Zollaufsicht und die Bestandsaufnahmen besondere Erleichterungen gewährt werden. Die zollfreie Ablassung einer bestimmten Jahresmenge (Kontingent) ohne jede Überwachung der Verwendung ist unzulässig.

C. Anweisung zur Untersuchung der Mineralöle für die zollamtliche Abfertigung.

1. Bestimmung des Siedepunktes der Mineralöle.

Beschreibung des Apparats.

Der nachstehend abgebildete Apparat besteht aus einem zur Aufnahme von 100 ccm Mineralöl bestimmten vernickelten Metallkesselchen A, das mittels Konus und Bajonettverschluß mit dem Helmaufsatz a verbunden ist; t ist ein mittels Korks in a befestigtes bis auf 360° gehendes hundertteiliges Thermometer, dessen Nullpunkt genau in gleicher Höhe mit dem oberen Ende des Helmaufsatzes steht, wenn das Quecksilbergefäß die in der Zeichnung angedeutete Stellung hat, d. i. mit seinem oberen Ende gerade bis zur Entbindungsröhre reicht. Kesselchen und Helmaufsatz sind von dem Blechmantel $B\,B$ mit abnehmbarem konischen Deckel (Hut) $C\,C$ umgeben; unten befinden sich zwei Blechböden b' und b'' und unter diesen ein guter Bunsenbrenner, der in einem Schlitze des Mantelfußes auf- und abwärts

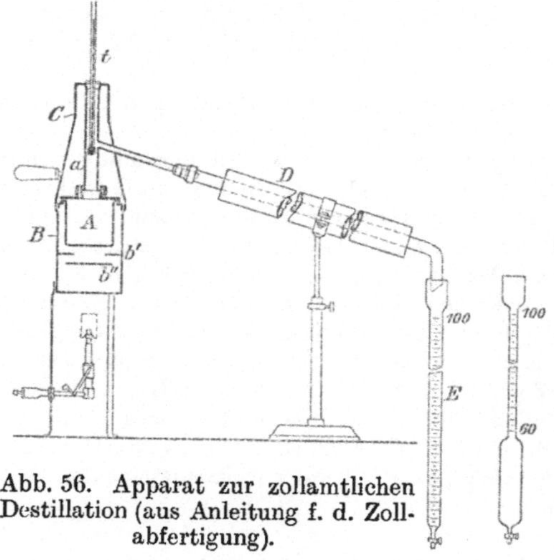

Abb. 56. Apparat zur zollamtlichen Destillation (aus Anleitung f. d. Zollabfertigung).

beweglich ist. Mittels einer Flanschverschraubung steht das Dampfentbindungsrohr des Kesselchens A mit dem aus vernickeltem Metall angefertigten Liebigschen Kühler D in Verbindung, an dessen unterem Ende die Meßbürette E aufgestellt wird. Es sind solche zu 60 und 100 ccm, in $\frac{1}{10}$ geteilt erforderlich.

Der Apparat nebst zugehörigem Thermometer muß von der Physikalisch-Technischen Reichsanstalt geprüft und beglaubigt sein; auch dürfen zu den Untersuchungen nur geeichte Kölbchen und Büretten verwendet werden.

2. Bestimmung des Entflammungspunktes von 50° C mittels des Abelschen Petroleumprobers.

Zur Untersuchung dient der durch die Kaiserliche Verordnung vom 24. Februar 1882 (Reichs-Gesetzbl. S. 40) für die Untersuchung des Petroleums auf seine Entflammbarkeit (Feuergefährlichkeit) vorgeschriebene Abelsche Petroleumprober. Der Apparat muß amtlich beglaubigt sein, und, abweichend von den Ausführungsbestimmungen zu der Kaiserlichen Verordnung, muß das Thermometer, welches die Wärme des Öles angibt, bis mindestens 70° C, das Thermometer für das Wasserbad bis mindestens 100° C reichen.

Die Ausführung des Versuchs erfolgt im allgemeinen nach der gleichen Methode wie bei Prüfung des Petroleums auf 21° C Entflammungspunkt, worüber die den Apparaten beigegebene Gebrauchsanweisung die nötigen Angaben enthält. Bei der Prüfung der Öle auf den Entflammungspunkt von 50° C hat man das Wasser auf 85° C zu erhitzen und auf dieser Wärme während der Dauer des Versuchs zu erhalten.

Wenn der gefundene Entflammungspunkt sehr nahe der Grenze von 50° C liegt, muß der beobachtete Entflammungspunkt auf den Normalbarometerstand von 760 mm zurückgeführt werden. Dies erfolgt in gleicher Weise wie bei der gewöhnlichen Entflammungspunktbestimmung, jedoch unter Benutzung der folgenden Umrechnungstafel:

Hat man also z. B. einen Entflammungspunkt von 49,5° C bei einem Barometerstand von 735 mm beobachtet, so ergibt sich aus der Tafel der maßgebende Entflammungspunkt zu 50,5° C. Hinsichtlich der Berechnung der Mittelzahl und Abrundung der erhaltenen Gradzahlen gelten dieselben Regeln wie bei der amtlichen Petroleumuntersuchung.

Tafel zur Umrechnung des beobachteten Entflammungspunkts auf den dem normalen Barometerstand entsprechenden Entflammungspunkt.

Barometerstand in Millimeter																				
685	690	695	700	705	710	715	720	725	730	735	740	745	750	755	760	765	770	775	780	785
Entflammungspunkt nach Graden des hundertteiligen Thermometers																				
45.4	45.6	45.7	45.9	46.1	46.3	46.4	46.6	46.8	47.0	47.1	47.3	47.5	47.7	47.8	**48.0**	48.2	48.4	48.5	48.7	48.9
45.9	46.1	46.2	46.4	46.6	46.8	46.9	47.1	47.3	47.5	47.6	47.8	48.0	48.2	48.3	**48.5**	48.7	48.9	49.0	49.2	49.4
46.4	46.6	46.7	46.9	47.1	47.3	47.4	47.6	47.8	48.0	48.1	48.3	48.5	48.7	48.8	**49.0**	49.2	49.4	49.5	49.7	49.9
46.9	47.1	47.2	47.4	47.6	47.8	47.9	48.1	48.3	48.5	48.6	48.8	49.0	49.2	49.3	**49.5**	49.7	49.9	50.0	50.2	50.4
47.4	47.6	47.7	47.9	48.1	48.3	48.4	48.6	48.8	49.0	49.1	49.3	49.5	49.7	49.8	**50.0**	50.2	50.4	50.5	50.7	50.9
47.9	48.1	48.2	48.4	48.6	48.8	48.9	49.1	49.3	49.5	49.6	49.8	50.0	50.2	50.3	**50.5**	50.7	50.9	51.0	51.2	51.4
48.4	48.6	48.7	48.9	49.1	49.3	49.4	49.6	49.8	50.0	50.1	50.3	50.5	50.7	50.8	**51.0**	51.2	51.4	51.5	51.7	51.9
48.9	49.1	49.2	49.4	49.6	49.8	49.9	50.1	50.3	50.5	50.6	50.8	51.0	51.2	51.3	**51.5**	51.7	51.9	52.0	52.2	52.4
49.4	49.6	49.7	49.9	50.1	50.3	50.4	50.6	50.8	51.0	51.1	51.3	51.5	51.7	51.8	**52.0**	52.2	52.4	52.5	52.7	52.9

Preußische [1] Polizeiverordnung, betreffend den Verkehr mit Mineralölen vom 7. Februar 1903 in der durch die Polizeiverordnung vom 6. April 1906 abgeänderten Fassung.

§ 1. Die gegenwärtige Polizeiverordnung findet Anwendung auf Rohpetroleum und dessen Destillationsprodukte (leichtsiedende Öle, Leuchtöle und leichte Schmieröle), aus Braunkohlenteer oder Steinkohlenteer bereitete flüssige Kohlenwasserstoffe (Photogen, Solaröl, Benzol usw.) und Schieferöle.

§ 2. Die im § 1 aufgeführten Flüssigkeiten werden, wenn sie bei einem Barometerstande von 760 mm bei einer Erwärmung auf weniger als 21 Grade des hundertteiligen Thermometers entflammbare Dämpfe entwickeln, zur Klasse I, wenn sie solche bei einer Erwärmung von 21 bis zu 65 Graden entwickeln, zur Klasse II, von 65 bis zu 140 Graden zur Klasse III gerechnet. Öle mit höherem Entflammungspunkt sind den Bestimmungen dieser Verordnung nicht unterworfen.

1. Abschnitt.

Vorschriften für Klasse I.

§ 3. 1. In den zum dauernden Aufenthalt und in den zum regelmäßigen Verkehr von Menschen bestimmten Räumen, insbesondere in Wohnräumen, Schlafräumen, Küchen, Korridoren, Treppenhäusern und Kontoren, in Gast- und Schankwirtschaften dürfen, sofern nicht in nachstehendem etwas anderes bestimmt ist, nicht mehr als insgesamt 15 kg der Flüssigkeiten aufbewahrt werden.

2. Die Aufbewahrung darf in den im Absatz 1 genannten Räumen nur in geschlossenen Gefäßen erfolgen. Gefäße zur Aufbewahrung größerer Mengen als 2 kg müssen aus verzinntem, verzinktem oder verbleitem Blech hergestellt sein; ihre Öffnungen sind durch sicher mit dem Gefäß verbundene, auswechselbare, feinmaschige Drahtnetze gegen das Hindurchschlagen von Flammen zu sichern[2]. Die Nähte der Gefäße müssen, sofern sie nicht

---

[1] In den übrigen Bundesstaaten haben andere Verordnungen Gültigkeit. Eine Vereinheitlichung dieser Verordnungen sollte durch eine neue preußische Verordnung herbeigeführt werden, der sich die übrigen Bundesregierungen anschließen sollten. Ein Entwurf dieser Verordnung ist in der Zeitschrift Petroleum VIII, Jahrgang 1913, Nr. 19 abgedruckt. Seine Durchführung ist noch nicht erfolgt.

[2] Nach einem Ministerial-Erlaß v. 21. Nov. 1911 hat der vorstehende Satz folgende Änderung erhalten: „Gefäße zur Aufbewahrung größerer

durch Nietung, Hartlötung oder Schweißung hergestellt sind, doppelt gefalzt und gelötet sein. Dicht verschlossene Gefäße müssen ein Sicherheitsventil (Federventil, Schmelzplatte) haben, das bei Erhitzung der Gefäße eine schädliche Dampfspannung verhütet. Das Umfüllen von einem Gefäß in ein anderes darf nur bei Tageslicht, bei Außenbeleuchtung, bei elektrischem Glühlicht oder unter Benutzung von elektrischen oder Davyschen Sicherheitslampen erfolgen.

§ 4. 1. In den Verkaufs- und sonstigen Geschäftsräumen der Kleinhändler dürfen insgesamt 30 kg der Flüssigkeiten aufbewahrt werden, wenn diese Räume in keiner Verbindung mit Räumen der im § 3 Abs. 1 gedachten Art stehen oder von ihnen rauch- und feuersicher abgeschlossen sind, jedoch dürfen Verkaufs- oder sonstige zur Aufbewahrung von Flüssigkeiten dieser Klasse dienende Geschäftsräume mit Kontoren in Verbindung stehen, wenn sie zusammen von den übrigen im § 3 Abs. 1 genannten Räumen rauch- und feuersicher abgeschlossen sind.

Werden vorstehende Bestimmungen nicht erfüllt, so sind die Lagermengen in den Verkaufs- oder sonstigen Geschäftsräumen der Kleinhändler gemäß § 3 Abs. 1 zu beschränken.

2. Hinsichtlich der Aufbewahrung und des Umfüllens gelten die Vorschriften der §§ 3 Abs. 2 und 13 Abs. 2.

§ 5. 1. Mengen von mehr als 30 kg, aber nicht mehr als 300 kg, dürfen nur nach vorausgegangener Anzeige an die Ortspolizeibehörde gelagert werden.

2. Sie dürfen in Kellern oder zur ebenen Erde gelegenen Räumen, die durch massive Wände und Decken von allen übrigen Räumen geschieden sind, keine Abflüße nach außen (Straßen, Höfen usw.), keine Heizvorrichtungen und Schornsteinöffnungen und reichliche Lüftung haben, gelagert werden, sofern die Aufbewahrung in eisernen Fässern oder in hart gelöteten oder genieteten Metallgefäßen mit luftdichtem Verschluß, unter Beachtung der Bestimmungen im § 13 Abs. 2 erfolgt. Kellerräume, die eine unmittelbare Verbindung mit solchen Treppenhäusern besitzen, welche den einzigen Zugang zu höher liegenden, zum regelmäßigen Aufenthalt oder zum Verkehr von Menschen bestimmten Räumen bilden, sowie Kellerräume, die zum Lagern von Zündwaren oder Explosivstoffen dienen, dürfen zur Lagerung nicht benutzt werden. Der zur Lagerung dienende Teil der Räume muß mit einer aus undurchlässigem und feuersicherem Baustoff hergestellten Sohle und Umwehrung von solcher Höhe umgeben sein, daß der Raum innerhalb der Umwehrung die aufbewahrten Flüssigkeiten vollständig aufzunehmen vermag. Die Türen der Lagerräume müssen nach außen aufschlagen und rauch- und feuersicher sein.

3. Das Umfüllen der Flüssigkeiten in solchen Lagerräumen darf nur mittels Hahn oder Pumpe bei Tageslicht, bei Beleuchtung durch unter Luftabschluß brennende Glühlampen mit dichtschließenden Überglocken,

---

Mengen als 2 kg müssen aus verzinntem, verzinktem oder verbleitem Blech hergestellt sein; ihre Öffnungen sind durch sicher mit dem Gefäß verbundene, haltbare Einsätze (feinmaschiɡe Drahtnetze oder andere, gleich wirksame Mittel) gegen das Hindurchschlagen von Flammen zu sichern."

die auch die Fassung einschließen, oder bei dicht von dem Raume abgeschlossener Außenbeleuchtung erfolgen. Schalter und Widerstände dürfen in dem Raume nicht vorhanden sein. Das Anzünden von Feuer oder Licht sowie das Rauchen in dem Lagerraum ist untersagt. Diese Vorschrift ist an den Eingangstüren zum Lagerraum in augenfälliger, dauerhafter Weise anzubringen.

4. Die Lagerung der Flüssigkeiten in anderen als den in Abs. 2 bezeichneten Umschließungen ist nur im Freien oder in besonderen Schuppen, die auf eingefriedigten Grundstücken errichtet werden, gestattet. Bei der Lagerung im Freien muß das Fortfließen der Flüssigkeiten durch Tieferlegung der Sohle oder durch eine aus feuersicherem Baustoff hergestellte Umwehrung verhindert werden. Auf die Schuppen finden die Vorschriften der Absätze 2 und 3 dieses Paragraphen sinngemäß Anwendung.

Das Betreten der Lagerstätte durch Unbefugte muß in augenfälliger Weise durch Anschlag verboten, Lagergefäße im Freien müssen vor mutwilliger Beschädigung durch Vorübergehende beschützt sein.

§ 6. 1. Mengen von mehr als 300 kg, aber nicht mehr als 2000 kg, bei beliebiger Umschließung, oder von nicht mehr als 50 000 kg bei Aufbewahrung in Tanks dürfen nur mit Erlaubnis der Ortspolizeibehörde gelagert werden. Diese Erlaubnis ist je nach der Menge der zu lagernden Flüssigkeiten und der örtlichen Beschaffenheit der Lagerstätte an die Bedingung der Freilassung einer Schutzzone von 20 bis 30 m zu knüpfen.

Im übrigen sind die nach den örtlichen Verhältnissen notwendigen Vorschriften in sinngemäßer Anwendung der Bestimmungen des § 7 festzusetzen.

2. Falls besondere Umstände es als angängig erscheinen lassen, kann die Lagerung von Mengen bis zu 2000 kg ausnahmsweise nach den Bestimmungen des § 5 Abs. 2, 3 und 4 gestattet werden, sofern die Aufbewahrung der Flüssigkeiten in eisernen Fässern oder in Metallgefäßen mit Sicherheitsverschluß (s. § 3 Abs. 2) erfolgt und sich über dem Lagerraum keine zum Aufenthalt oder Verkehr von Menschen bestimmten Räume befinden.

§ 7. Mengen von mehr als 2000 kg bei beliebiger Umschließung, oder von mehr als 50 000 kg in Tanks dürfen nur auf besonderen Lagerhöfen und nur mit Erlaubnis der Landespolizeibehörde gelagert werden. Diese Erlaubnis ist, falls nicht besondere Umstände einzelne Abweichungen als zulässig erscheinen lassen, an die nachstehenden Bedingungen zu knüpfen.

a) Mengen über 50 000 kg dürfen nur in Tanks aufbewahrt werden.

b) Der zur Aufbewahrung der Flüssigkeiten benutzte Teil des Lagerhofes muß entweder tiefer als das umliegende Gelände angelegt oder mit einem kräftigen, rasenbelegten Erdwall von mindestens 0,5 m Kronenbreite umgeben werden. Der durch die Tieferlegung der Lagersohle oder durch die Umwallung gebildete Raum muß dreiviertel der größten zu lagernden Menge an Flüssigkeiten aufzunehmen imstande und auf allen Seiten mit einer Schutzzone von 50 m Breite umgeben sein. Sofern die Schutzzone nicht auf dem eigenen Gelände des Betriebsunternehmers liegt, hat letzterer nachzuweisen, daß die Bebauung des außerhalb seines Geländes liegenden Teils für die Dauer des Bestehens des Lagerhofes durch rechtsgültige Verträge oder in anderer Weise (Flüsse, Kanäle od. dgl.) ausgeschlossen ist.

Als Lagerhof gilt der Raum zwischen den äußeren oberen Böschungskanten der die Lagerstätte bildenden Erdgrube oder Umwallung einschließlich der Schutzzone.

Die Erdwälle dürfen weder durch Ausgänge noch durch Auslässe für die Tagewässer unterbrochen werden. Übergänge über die Umwallungen müssen feuersicher hergestellt werden.

c) Werden zur Aufbewahrung der Flüssigkeiten innerhalb des vertieft angelegten oder umwallten Teils des Lagerhofes Schuppen benutzt, so müssen dieselben, soweit sie nach den baupolizeilichen Vorschriften aus Holz erbaut werden dürfen, außen mit guter Dachpappe bekleidet, ferner mit feuersicherer Bedachung, ordnungsmäßig angelegten und zu unterhaltenden Blitzableitern und mit genügenden Lüftungseinrichtungen versehen werden. Die Fenster der Schuppen sind durch Drahtgitter zu sichern oder mit Drahtglas zu verglasen.

Tanks müssen vor ihrer Benutzung durch Füllen mit Wasser auf ihre Dichtigkeit geprüft werden und sind mit ordnungsmäßig anzulegenden und zu unterhaltenden Blitzableitern zu versehen, die, falls die Tanks aus Eisen bestehen, mit den Eisenmassen der Tanks zu verbinden sind. Am höchsten Punkte jedes Tanks ist ein bei freistehenden Tanks nach unten führendes eisernes Lüftungsrohr von angemessener Weite anzubringen, das in solcher Entfernung von der Erdoberfläche ausmünden muß, daß die aus dem Rohr entweichenden Gase nicht durch Unvorsichtigkeit entzündet werden können. Innerhalb des Rohrs sind, gleichmäßig verteilt, mindestens drei engmaschige Drahtnetze aus Kupfer oder einem anderen nichtrostenden Metall so anzubringen, daß sie leicht nachgesehen und erneuert werden können.

d) In der Schutzzone des Lagerhofes dürfen weder Bauwerke errichtet, noch Fässer aus brennbarem Material gelagert werden. Dagegen dürfen Abfüllschuppen, Wiege- und Pumphäuser, letztere auch, wenn sie mit Benzin-, Petroleum- oder Gasmotoren ausgerüstet sind, unter denselben Bedingungen wie Lagerschuppen innerhalb des umwallten Teils des Lagerhofes angelegt werden, Reparatur- und Böttcherhaus, Wiege- und Pumpenhaus auch außerhalb der Umwallung, sofern die Schutzzone von diesen Häusern abgerechnet wird.

Außerhalb des Lagerhofes sind alle den Zwecken desselben dienliche Anlagen, insbesondere auch Dampfkesselanlagen und Gebäude, mit folgenden Einschränkungen gestattet:

1. Sofern auf dem außerhalb des Lagerhofes von seinen Nebenanlagen in Anspruch genommenen Gebäude eine Wohnung für einen die Aufsicht über den Lagerhof führenden Angestellten, z. B. für einen besonderen Wächter, angelegt werden soll, so muß der Hofraum derselben durch eine zwei Meter hohe Mauer von den übrigen Gebäuden abgetrennt werden. Der Hofraum oder die Wohnung müssen einen Ausgang unmittelbar ins Freie besitzen. Die Bestimmungen der Ziffer e dieses Paragraphen treten für dieses Gebäude bei genauer Beachtung der von der Landespolizeibehörde in jedem solchen Falle besonders vorzuschreibenden Sicherheitsmaßregeln außer Kraft.

2. Abfüllschuppen außerhalb des Lagerhofes müssen mit massiven, nicht

durch Öffnungen unterbrochenen Umfassungsmauern von solcher Höhe oder mit so vertiefter Sohle ausgeführt werden, daß die in Schuppen befindlichen Flüssigkeiten nicht nach außen ablaufen können. Welche Mengen abgefüllter Flüssigkeiten sich jeweilig in Abfüllschuppen befinden dürfen, setzt die Landespolizeibehörde bei Erteilung der Erlaubnis fest. Außerdem bleibt es der Landespolizeibehörde überlassen, wegen einer Zufahrt für Löschgeräte Bestimmungen zu treffen.

e) Auf dem von dem Lagerhof und seinen Nebenanlagen in Anspruch genommenen Gelände darf nur bei Tageslicht oder elektrischer Beleuchtung in den Schuppen auch bei Außenbeleuchtung mit zuverlässigen, polizeilich geprüften Lampen gearbeitet werden. Das Anzünden der letzteren muß außerhalb des Lagerhofes erfolgen. Die Fenster, an denen die Außenbeleuchtung angebracht ist, dürfen nicht zu öffnen sein. Bogenlicht darf nur im Freien unter Verwendung unten dicht abgeschlossener Glocken, elektrisches Glühlicht gemäß § 5 Abs. 3 innerhalb von Räumen nur bei Anwendung kräftiger Schutzglocken benutzt werden. Die elektrischen Beleuchtungs- und die Blitzableiteranlagen sind vor der Inbetriebnahme und je in Jahresfrist durch einen polizeilich anerkannten Sachverständigen auf ihre Zuverlässigkeit zu prüfen.

Feuer oder offenes Licht darf innerhalb des Lagerhofes, außer wo solches durch diese Verordnung ausdrücklich gestattet ist, nicht brennen, auch darf daselbst nicht geraucht werden. Das Einbringen von Zündwaren in den Lagerhof ist untersagt. Diese Vorschriften sind in allen Zugängen zu dem vom Lagerhof und seinen Nebenanlagen in Anspruch genommenen Gelände in augenfälliger Weise durch dauerhafte Anschläge bekanntzumachen.

f) Die zur Aufbewahrung der Flüssigkeiten dienenden Erdgruben, Schuppen oder Tanks dürfen nur dann unmittelbar in oder auf gewachsenem Boden angelegt werden, wenn dieser hinreichende Undurchlässigkeit und Tragfähigkeit besitzt. Sind diese nicht vorhanden, so müssen mindestens die Sohle des umwallten oder vertieften Lagerhofes, des Faßlagers und der Abfüllschuppen aus undurchlässigem Material hergestellt und Tanks hinreichend fundamentiert werden. Ergeben sich später Tatsachen, die auf eine Verunreinigung des Bodens oder Grundwassers außerhalb des Lagerhofes durch die auf demselben und in den Nebenanlagen desselben gelagerten Fässer und Flüssigkeiten schließen lassen, so ist der Betriebsunternehmer auf Erfordern der örtlichen Polizeibehörde gehalten, diesen Übelständen abzuhelfen.

g) Werden zur Lagerung Tanks benutzt, die durch ein Mannloch befahren werden können, so sind auf dem Lagerhofe zwei Rettungsseile und zwei mit selbsttätigem Luftzutritt wirkende Atmungsapparate bereit zu halten. Die Tanks sind vor dem Befahren durch Einführen von Dampf, Preßluft oder Sauerstoff gut zu lüften.

h) Das Betreten des Lagerhofes außerhalb der Arbeitszeit ist außer dem Wächter nur den hierzu vom Betriebsunternehmer ermächtigten Aufsichtspersonen unter Benutzung polizeilich geprüfter und in gutem Zustande befindlicher Sicherheitslampen zu gestatten.

§ 8. Die Beförderung von Glasballons mit Flüssigkeiten der Klasse I

in Wagenladungen ist nur unter Beobachtung folgender Vorsichtsmaßregeln gestattet:

a) Die Ballons müssen mit Stroh, Heu, Kleie, Sägemehl, Infusorien-
erde oder ähnlichen lockeren Stoffen in Körben, Kübeln oder Kisten fest
verpackt sein und die Aufschrift „Feuergefährlich" tragen.

b) Der Wagen muß mit einer gut zu befestigenden Schutzdecke versehen
sein und im Schritt fahren.

c) Jeder Wagen muß außer dem Führer von einer erwachsenen Person
begleitet werden. Diesen Personen ist das Rauchen auf dem Wagen streng
zu verbieten.

d) Wenn Flüssigkeit ausfließt, so hat eine der begleitenden Personen
sofort der Polizeibehörde Anzeige zu machen, während die andere die Ver-
breitung der Flüssigkeit durch Aufstreuen von Sand tunlichst zu hindern
und das Publikum fernzuhalten hat, bis zur Beseitigung der Gefahr die
erforderlichen polizeilichen Anforderungen getroffen sind.

e) Für die Beförderung einzelner Glasballons auf Wagen finden nur die
Vorschriften unter Ziffer a und b Anwendung.

Abschnitt 2.

Vorschriften für Klasse II.

§ 9. In den im § 3 Abs. 1 bezeichneten Räumen dürfen nicht mehr als
25 kg der Flüssigkeiten aufbewahrt werden.

§ 10. In den Verkaufs- und sonstigen Geschäftsräumen der Kleinhändler dürfen insgesamt bis zu 50 kg Flüssigkeiten dieser Klasse in beliebigen, geschlossenen Gefäßen, größere Mengen bis zu 200 kg im Faß
aufbewahrt werden. Bei Verwendung von geschlossenen, mit Abfüllvor-
richtung versehenen Metallgefäßen, die unter Benutzung von Pumpen
oder flammenstickenden, gepreßten Gasen mit Vorratsfässern in Neben-
räumen oder Kellern in Verbindung stehen, darf die Gesamtmenge dieses
Vorrates bis zu 600 kg betragen. Bei anderer Art der Abfüllung dürfen
gleiche Mengen nur auf Höfen, in Schuppen oder solchen Kellern gelagert
werden, die von angrenzenden Räumen feuersicher abgeschlossen sind.

§ 11. 1. Mengen von mehr als 600 kg, aber nicht mehr als 10 000 kg,
dürfen nach erfolgter Anzeige an die Ortspolizeibehörde in Räumen zu
ebener Erde oder in Kellern unter Beachtung der Vorschriften des § 5 Abs. 2
und 3, jedoch ohne Beschränkung der Aufbewahrung in eisernen Fässern
oder in Metallgefäßen oder nach § 5 Abs. 4 gelagert werden.

2. Mengen von mehr als 10 000 kg, aber nicht mehr als 50 000 kg,
dürfen nur mit Erlaubnis der Ortspolizeibehörde gelagert werden. Bei Aufbewahrung solcher Mengen in Tanks ist eine Schutzzone dann nicht erforderlich, wenn die Behälter ganz unter der Erde eingegraben sind. In
allen anderen Fällen sind die nach den örtlichen Verhältnissen notwendigen
Bedingungen unter Anlehnung an die im § 7 enthaltenen Vorschriften mit
der Maßgabe vorzuschreiben, daß die Schutzzone je nach den örtlichen
Verhältnissen bei freistehenden Tanks bis auf 5 m, bei Lagerung in anderer
Umschließung bis auf 10 m beschränkt werden kann.

3. Mengen von mehr als 50 000 kg dürfen nur mit landespolizeilicher

Erlaubnis gelagert werden. Dabei finden die Vorschriften des § 7b—h mit der Maßgabe Anwendung, daß die Schutzzone bei einer 500 000 kg nicht übersteigenden Menge je nach den örtlichen Verhältnissen bis auf 20 m beschränkt werden kann.

Abschnitt 3.

Vorschriften für Klasse III.

§ 12. 1. Bei der Lagerung von Mengen von nicht mehr als 10 000 kg in Fässern ist das Fortfließen der Flüssigkeiten durch Tieferlegung der Sohle oder durch eine aus undurchlässigem und feuersicherem Baustoff hergestellte Umwehrung zu verhindern.

2. Mengen von mehr als 10 000 kg, aber nicht mehr als 50 000 kg, dürfen nacherfolgter Anzeige an die Ortspolizeibehörde auf besonderen Lagerhöfen oder in Lagerhäusern aufbewahrt werden.

Soweit nicht auf Lagerhöfen in demjenigen Teil, in dem die Flüssigkeit aufbewahrt wird, durch Tieferlegung der Sohle dafür gesorgt ist, daß die Flüssigkeiten im Falle des Auslaufens nicht fortfließen können, ist der Lagerhof mit einer massiven Mauer oder einem genügend starken Erdwall zu umgeben. Bei Unterbrechungen derselben ist durch genügend hohe Bordschwellen das Fortfließen von Öl zu verhindern. Zur Beleuchtung der Lagerhöfe müssen geschlossene Laternen benutzt werden.

Lagerhäuser müssen massiv und mit feuersicherer Bedachung gebaut werden und so beschaffen sein, daß das Ausfließen der Flüssigkeiten im Falle eines Brandes aus dem Lagerhause verhindert wird. Die Lagerräume dürfen keinen Zugang zu anderen Räumen haben, ihre Zugänge müssen unmittelbar ins Freie führen. Hinsichtlich der Beleuchtung und der Benutzung von Feuer und Licht sind die Vorschriften des § 5 Abs. 3 maßgebend.

Der Ortspolizeibehörde bleibt es überlassen, wegen einer Zufahrt für Löschgerätschaften Bestimmungen zu treffen. Das Betreten der Lagerhöfe und Lagerräume außerhalb der Arbeitszeit ist nur gemäß den Bestimmungen des § 7h den daselbst bezeichneten Personen zu gestatten.

3. Die Aufbewahrung von Mengen von mehr als 50 000 kg unterliegt den Bestimmungen des § 11 Abs. 3 mit der Maßgabe, daß die Schutzzone bei einer 500 000 kg nicht übersteigenden Menge je nach den örtlichen Verhältnissen bis auf 10 m eingeschränkt werden kann.

Abschnitt 4.

Gemeinsame Bestimmungen.

§ 13. 1. Werden der Klasse nach verschiedene unter diese Verordnung fallende Flüssigkeiten miteinander oder mit anderen leicht entzündlichen Flüssigkeiten (Spiritus, Ätherarten, Spritlacken u. dgl.) in demselben Raum oder in solchen Räumen, welche nicht feuersicher voneinander getrennt sind, zusammen gelagert, so finden, unbeschadet der für die anderen leicht entzündlichen Flüssigkeiten etwa bestehenden besonderen Vorschriften, auf die Gesamtmenge aller leicht entzündlichen Flüssigkeiten hinsichtlich des Lagerraumes die für die leichtest entflammbare Flüssigkeit geltenden Vorschriften Anwendung. Die Beschaffenheit der Gefäße bestimmt sich nach Art und Menge der einzelnen Flüssigkeiten.

In den Verkaufs- und sonstigen Geschäftsräumen der Kleinhändler dürfen Mineralöle miteinander oder mit anderen leicht entzündlichen Flüssigkeiten bis zu einer Gesamtmenge von 150 kg aufbewahrt werden. Darunter dürfen sich bis zu 30 kg Mineralöle der Klasse I befinden, wenn die Vorschriften des § 4 erfüllt sind; im anderen Falle bestimmt sich die Höchstmenge letzterer Flüssigkeiten nach § 3.

2. An den in den Lagerräumen zur Aufbewahrung der Flüssigkeiten dienenden Gefäßen oder auf besonderen, dabei angebrachten Tafeln muß die leicht lesbare und nicht verwischbare Aufschrift „Feuergefährlich" und eine Bezeichnung angebracht sein, welche die Tara und das Fassungsvermögen nach dem Gewicht derjenigen Flüssigkeit angibt, für welche die Gefäße dienen. Bei Berechnung der gelagerten Flüssigkeiten werden auch die nur teilweise gefüllten Gefäße nach ihrem vollen Fassungsvermögen berechnet.

§ 14. 1. Leere Fässer aus brennbarem Material dürfen in denjenigen Fällen, in welchen ein Lagerhof ganz oder teilweise (vgl. §§ 11, 12) nach den Vorschriften des § 7 angelegt werden muß, außerhalb der Schutzzone in beliebigen Mengen gelagert werden, jedoch müssen die Stapel je nach den örtlichen Verhältnissen 5—10 m von den Grenzen und allen Gebäuden entfernt bleiben. Den Behörden, welche die Erlaubnis zu erteilen haben, bleibt es überlassen, für Löschgerätschaften fahrbare Zuwege anzuordnen.

2. Welche Menge leerer Fässer aus brennbarem Material in anderen Fällen aufgestapelt werden dürfen, unterliegt der Festsetzung der örtlichen Polizeiverwaltung mit der Maßgabe, daß Faßstapel von mehr als 1500 Fässern nur zulässig sind, wenn sie 5—10 m von Gebäuden entfernt bleiben und für Löschgerätschaften fahrbare Zuwege besitzen oder vollständig isoliert im Freien angelegt werden.

Abschnitt 5.

Übergangs- und Schlußbestimmungen.

§ 15. 1. Diese Verordnung findet keine Anwendung auf die Aufbewahrung der im § 1 bezeichneten Flüssigkeiten in den der Aufsicht der Bergbehörden unterstehenden Betrieben und in solchen an den Gewinnungsstätten des Rohpetroleums, sowie auf die Mitnahme der Flüssigkeiten in Motorwagen. Für die Aufbewahrung und Verarbeitung in gewerblichen Anlagen, die unter den § 16 der Reichsgewerbeordnung fallen, hat die genehmigende Behörde für den Verkehr auf Zollhöfen und in Güterschuppen auf Bahnhöfen sowie Tankwagen auf Ladegleisen die daselbst zuständige Aufsichtsbehörde die Bedingungen festzusetzen.

2. Die Verordnung findet auf andere, nicht im Abs. 1 genannte gewerbliche Anlagen, in denen die Flüssigkeiten bearbeitet oder zu technischen Zwecken verwendet werden, mit der Maßgabe Anwendung, daß Menge und Art der Lagerung der zum Gewerbebetriebe bestimmten Flüssigkeiten, unbeschadet der etwa für diese Betriebe ergangenen oder noch zu erlassenden

besonderen Vorschriften, von der örtlichen Polizeiverwaltung nach Anhörung der zuständigen Gewerbeinspektion festzusetzen sind.

§ 16. 1. Sind die in den §§ 3—14 getroffenen Vorschriften erfüllt, so dürfen in bestehenden, zur Lagerung von Flüssigkeiten polizeilich angemeldeten oder genehmigten Lagerräumen und Lagerhöfen die durch diese Verordnung festgesetzten Höchstmengen nach Anmeldung bei der zuständigen Behörde ohne weiteres gelagert werden.

2. Im übrigen müssen die beim Inkrafttreten dieser Verordnung vorhandenen Lagerräume, Lagerhöfe und gewerblichen Anlagen innerhalb zweier Jahre den Bestimmungen dieser Verordnung entsprechend eingerichtet werden.

Die Bestimmungen über die Schutzzone sowie diejenigen des § 7d und f finden auf bestehende Anlagen keine Anwendung.

§ 17. Ausnahmen von den Bestimmungen dieser Verordnung können auf Antrag durch die Landespolizeibehörden genehmigt werden.

§ 18. Übertretungen dieser Verordnung werden, sofern nicht die Bestimmungen des Strafgesetzbuches Anwendung finden, mit Geldstrafe bis zu 60 Mark oder entsprechender Haft bestraft.

§ 19. Diese Polizei-Verordnung tritt am 1. April 1903 in Kraft.

Namenregister.

Abel 26, 109.
Allen, Irving, C. 10.
Allner 37, 39, 41.

Beck 125.
Beckmann 128.
Dieterich 19, 20, 75.
Bueb 40.
Bunte 22, 53.

Constam & Schläpfer 13, 37, -39, 48, 51, 52, 59.

Diesel 100.
Drake, Colonel 3.

Engler 2, 115, 122, 131.
Engler-Höfer 101.

Frasch 12.
Frank 53.

Graefe 11, 102, 103, 124.
Gwosdz 51.

Heirmann 23, 97.
Heußler 131.
Höfer 2, 13.
Hofmann-Marcusson 125.
Holde 21, 77, 101, 102, 103.
Humphreys und Glasgow 46, 51.

Immenkötter 130.
Junkers 130.

Karawajew 102.
Kißling 23, 103.
Kraemer 35, 51, 123, 131.

Landolt-Börnstein 23, 101, 102, 103.
Langbein 128, 129.
Lohmann 130.
Lunge-Köhler 59.

Mallmann 36, 59.
Mendelejeff 2, 105.
Methews und Goulden 47.
Mohr 73, 93.
Möllers 39.
Müller, J. M. 48.
Muspratt 39, 51.

Neumann 17, 23, 103.

Ochsenius 2.

Pensky-Martens 112.

Ramsay 97.
Redwood 24.
Reitmayer 53.
Rieppel 37, 94, 116.
Ries 42, 44.
Rispler 61.

Scheithauer 88, 90.
Schmitz, L. 114, 120.
Schmitz, P. Edmund 104.
Schreiber 68.
Schulz 131.
Senger 104, 121, 125.
Singer 133.
Soxleth 126.
Spilker 41, 51, 59, 65, 70, 74, 103, 123, 130
Sußmann 78.

Ubbelohde 118, 119.

Warschauer 98.
Windisch 98.
Wright 59.

Young 72, 97.

Sachregister.

Chemisch - technische Untersuchungsmethoden. Unter Mitwirkung von hervorragenden Fachmännern' herausgegeben von Dr. **Georg Lunge,** emer. Professor der technischen Chemie am Eidgenössischen Polytechnikum in Zürich, und Dr. **Ernst Berl,** Privatdozent, Chefchemiker. **Sechste**, vollständig umgearbeitete und vermehrte Auflage. In vier Bänden.

***Erster Band.** 1910. 693 Seiten Text, 72 Seiten Tabellen-Anhang Mit 16 Textabbildungen.   Preis M. 18.—; gebunden M. 20.50
***Zweiter Band.** 1910. 885 Seiten Text, 8 Seiten Tabellen-Anhang. Mit 138 Textabbildungen.   Preis M. 20.—; gebunden M. 22.50
***Dritter Band.** 1911. 1044 Seiten Text, 24 Seiten Tabellen-Anhang. Mit 150 Textabbildungen.   Preis M. 22.—; gebunden M. 24.50
***Vierter Band.** 1911. 1080 Seiten Text, 58 Seiten Tabellen-Anhang. Mit 56 Textabbildungen.   Preis M. 24.—; gebunden M. 26.50.

***Der Betriebs-Chemiker.** Ein Hilfsbuch für die Praxis des chemischen Fabrikbetriebes von Dr. **Richard Dierbach,** Fabrikdirektor. Zweite, verbesserte Auflage. Mit 117 Textabbildungen.
Preis gebunden M. 8.—

Chemiker-Kalender 1919. Herausgegeben von Dr.**Rudolf Biedermann,** 40. Jahrgang. In zwei Teilen.
I. Teil gebunden, II. Teil geheftet.   Preis M. 6.60

***Lehrbuch der analytischen Chemie.** Von Dr. **H. Wölbling,** Dozent und etatsmäßiger Chemiker an der Bergakademie zu Berlin. Mit 83 Textabbildungen und 1 Löslichkeitstabelle.
Preis M. 8.—; gebunden M. 9.--

***Anleitung zur chemisch-technischen Analyse.** Für den Gebrauch an Unterrichts-Laboratorien bearbeitet von Prof. **F. Ulzer,** Leiter der Versuchsstation für chemisches Gewerbe, und Dr. **A. Fraenkel,** Adjunkt am technologischen Gewerbe-Museum in Wien. Mit in den Text gedruckten Abbildungen.   Preis gebunden M. 5.—

***Landolt - Börnstein, Physikalisch - chemische Tabellen.** Vierte, umgearbeitete und vermehrte Auflage. Unter Mitwirkung von hervorragenden Fachmännern herausgegeben von Prof. Dr. **Richard Börnstein** und Prof. Dr. **Walther A. Roth.** Mit einem Bildnis H. Landolts.   Preis gebunden M. 56.—

*Hierzu Teuerungszuschlag.